U0327617

『十二五』国家重点图书出版规划项目

中国建筑工业出版社学术著作出版基金项目

杨廷宝全集

二

【水彩卷】

中国建筑工业出版社

图书在版编目（CIP）数据

杨廷宝全集．三，水彩卷／杨廷宝著；黎志涛主编；沈颖，张蕾编．—北京：中国建筑工业出版社，2021.8
ISBN 978-7-112-26463-6

Ⅰ．①杨… Ⅱ．①杨… ②黎… ③沈… ④张… Ⅲ．①杨廷宝（1901-1982）-全集 Ⅳ．①TU-52

中国版本图书馆 CIP 数据核字（2021）第 159942 号

责任编辑：徐晓飞
书籍设计：付金红
责任校对：李美娜

杨廷宝全集·三·水彩卷

*

中国建筑工业出版社出版、发行（北京海淀三里河路 9 号）
各地新华书店、建筑书店经销
北京雅昌艺术印刷有限公司制版／印刷

*

开本：880 毫米 ×1230 毫米 1/16 印张：15 字数：464 千字
2021 年 9 月第一版 2021 年 9 月第一次印刷
定价：168.00 元
ISBN 978-7-112-26463-6
（37089）

《杨廷宝全集》编委会

策划人名单

东南大学建筑学院	王建国
中国建筑工业出版社	沈元勤　王莉慧

编纂人名单

名誉主编	齐　康　钟训正
主　　编	黎志涛
编　　者	
一、建筑卷（上）	鲍　莉　吴锦绣
二、建筑卷（下）	吴锦绣　鲍　莉
三、水彩卷	沈　颖　张　蕾
四、素描卷	张　蕾　沈　颖
五、文言卷	汪晓茜
六、手迹卷	张　倩　权亚玲
七、影志卷	权亚玲　张　倩

出版说明

杨廷宝先生（1901—1982）是20世纪中国最杰出和最有影响力的第一代建筑师和建筑学教育家之一。时值杨廷宝先生诞辰120周年，我社出版并在全国发行《杨廷宝全集》（共7卷），是为我国建筑学界解读和诠释这位中国近代建筑巨匠的非凡成就和崇高品格，也为广大读者全面呈现我国第一代建筑师不懈求索的优秀范本。作为全集的出版单位，我们深知意义非凡，更感使命光荣，责任重大。

《杨廷宝全集》收录了杨廷宝先生主持、参与、指导的工程项目介绍、图纸和照片，水彩、素描作品，大量的文章和讲话与报告等，文言、手稿、书信、墨宝、笔记、日记、作业等手迹，以及一生各时期的历史影像并编撰年谱。全集反映了杨廷宝先生在专业学习、建筑创作、建筑教育领域均取得令人瞩目的成就，在行政管理、国际交流等诸多方面作出突出贡献。

《杨廷宝全集》是以杨廷宝先生为代表展示关于中国第一代建筑师成长的全景史料，是关于中国近代建筑学科发展和第一代建筑师重要成果的珍贵档案，具有很高的历史文献价值。

《杨廷宝全集》又是一部关于中国建筑教育史在关键阶段的实录，它以杨廷宝先生为代表，呈现出中国建筑教育自1927年开创以来，几代建筑教育前辈们在推动建筑教育发展，为国家培养优秀专业人才中的艰辛历程，具有极高的史料价值。全集的出版将对我国近代建筑史、第一代建筑师、中国建筑现代化转型，以及中国建筑教育转型等相关课题的研究起到非常重要的推动作用，是对我国近现代建筑史和建筑学科发展极大的补充和拓展。

全集按照内容类型分为7卷，各卷按时间顺序编排：

第一卷　建筑卷（上）：本卷编入1927—1949年杨廷宝先生主持、参与、指导设计的89项建筑作品的介绍、图纸和照片。

第二卷　建筑卷（下）：本卷编入1950—1982年杨廷宝先生主持、参与、指导设计的31项建筑作品、4项早期在美设计工程和10项北平古建筑修缮工程的介绍、图纸和照片。

第三卷　水彩卷：本卷收录杨廷宝先生的大量水彩画作。

第四卷　素描卷：本卷收录杨廷宝先生的大量素描画作。

第五卷　文言卷：本卷收录了目前所及杨廷宝先生在报刊及各种会议场合中论述建筑、规划的文章和讲话、报告，及交谈等理论与见解。

第六卷　手迹卷：本卷辑录杨廷宝先生的各类真迹（手稿、书信、书法、题字、笔记、日记、签名、印章等）。

第七卷　影志卷：本卷编入反映杨廷宝先生一生各个历史时期个人纪念照，以及参与各种活动的数百张照片史料，并附杨廷宝先生年谱。

为了帮助读者深入了解杨廷宝先生的一生，我社另行同步出版《杨廷宝全集》的续读——《杨廷宝故事》，书中讲述了全集史料背后，杨廷宝先生在人生各历史阶段鲜为人知的、生动而感人的故事。

2012 年仲夏，我社联合东南大学建筑学院共同发起出版立项《杨廷宝全集》。2016 年，该项目被列入“十三五”国家重点图书出版规划项目和中国建筑工业出版社学术著作出版基金资助项目。东南大学建筑学院委任长期专注于杨廷宝先生生平研究的黎志涛教授担任主编，携众学者，在多方帮助和支持下，耗时近 9 年，将从多家档案馆、资料室、杨廷宝先生亲人、家人以及学院老教授和各单位友人等处收集到杨廷宝先生的手稿、发表文章、发言稿和国内外的学习资料、建筑作品图纸资料以及大量照片进行分类整理、编排校审和绘制修勘，终成《杨廷宝全集》（7 卷）。全集内容浩繁，编辑过程多有增补调整，若有疏忽不当之处，敬请广大读者指正。

中国建筑工业出版社

2021 年 1 月

前言

杨廷宝先生与水彩画一生结缘，对其爱不释手。究其原由，一是家学渊源影响——从打幼年小廷宝6岁读私塾起，对死记硬背“之乎者也”的古文很是怨恨，但对父亲和生母（“宋代四大书法家”之一米芾的后人）毫下的书画喜爱至极，以至于临摹入迷、无师自通；其自学习作和绘画天分着实令众人刮目相看。二是受高人指点——少年杨廷宝15岁入清华学校读书，受美籍图画老师斯达（Florence Starr）女士的特别关爱和悉心辅导，并在其热心帮助下与同窗闻一多共同组织了清华美术社；经过斯达女士亲授画论和指教画技，使少年杨廷宝领悟水彩画训练的真谛。随后，青年杨廷宝留学宾大深造，又有幸在老师道森（George Walter Dawson）的精心栽培下，更练就了扎实的水彩画基本功。此外，杨廷宝从诸如英国弗令特（Russell Flint）的人物水彩画中，谙熟人体结构比例；从美国萨金特（JohnSinger Sargent）画风豪放、技巧娴熟的水彩画中，开阔了水彩画的眼界；从朗（Birch Burdette Long）平涂渲染的水彩画中，为日后绘制工程设计渲染图打下基础，等等。三是勤画不辍——古人言：“人生在勤，不索何获”。勤奋乃成功之本也。杨廷宝对水彩画正是源于手勤不止，方有后来娴熟画技。从他在清华学校经常与闻一多等好友结伴去圆明园等校外水彩写生，到暑假回乡途中曾独自步行两天数十里沉湎于家乡美景画境而不知辍笔；从在宾大隔三差五与学长赵深开车早出晚归赴远郊写生，到两人学成回国一同游学西欧考察建筑时每日总要尽兴绘上几幅水彩画方可罢休；从在基泰执业忙于工程设计之余也不忘趁闲暇在画纸上速写几笔，到在南工教务、公务缠身也忙里偷闲挥就画作几幅……这些经历说明，杨廷宝先生把水彩作画已融入生活中成为不可或缺的内容了，才有“宝剑锋自磨砺出，梅花香自苦寒来”，成就了他的水彩画于2015年荣登北京中国美术馆艺术殿堂，在“百年华彩——中国水彩艺术研究展”中受到画界高度赞赏。

平日就月将。由此所形成的水彩画风格，如同他本人的个性喜好与作品特点一样——明朗轻快，和谐清新，刻画细腻准确。杨廷宝先生的作画题材以建筑居多，表现手法主张写实，画面组织重构图布局，运笔轻重求虚实主次，着色用水喜清平纯净，画作效果显空间层次。杨廷宝先生作画又不墨守成规。有时，因作画时间短促，就寥寥几笔勾个很简单的铅笔轮廓稿，抓住第一印象快速着色，并一气呵成，以表现现场速写的画作特点，而不是刻意追求轮廓的准确，回到室内再进行二次加色添彩以求完美；有时，为了达到建筑绘画上的某种“意境”也不完全写实，而是适当夸大或缩小实际尺度；有时，在透明色的基调下，也偶尔用一点不透明色点缀，画面气氛因“画龙点睛”的对比而活跃起来。在作画习惯上，杨廷宝先生也并非程式化依次运笔。比如，在画静物花卉时，有人喜欢先画叶子、背景，再在预留花朵的空白处，最后点上鲜艳的花瓣色。而杨廷宝先生画静物花卉时，却先画花朵，然后再画叶子和背景，也同样画出一幅好的水彩画作。甚至，杨廷宝先生作画时，不像别人将画板拿在手中，而是喜欢将画板用东西支撑起来斜放在地上，以便有较大的视距可随时观察画面全局。这完全是杨廷宝先生几十年水彩作画养成的个人习惯。

此外，杨廷宝先生作水彩画特别讲究水彩画的工具和材料。早在他留美期间，虽然消费上较为节俭，但在作水彩画的用纸和颜料上比其他留学生舍得花费。他一定是买高档的英国WHATMAN水彩纸，水彩颜料一定是买较贵的英国温莎·牛顿厂出品的固体颜料。难怪其早期的水彩画作保存至今近百年，颜色仍经久如初。

杨廷宝先生喜爱水彩画并非为了成为画家，只是不愿忍痛割爱而已。他少时希望自己将来从事的专业能够将艺术结合到技术中去，于是选择了建筑学专业作为终生职业，从而实现了自己的梦想——不但使他喜欢的建筑与艺术两者相得益彰，而且各自成就卓越。这也是以杨廷宝先生为代表的中国第一代建筑大师们共同的专长和成就。

鉴于杨廷宝先生一生的水彩画作因各种原因有部分散落民间或流失海外，本卷收入精选作品二百一十余幅，按照作画时间顺序分为：“求学清华”“留学宾大”“游学西欧”“执业基泰”和“任教南工”这样五个部分。这些水彩画作代表了杨廷宝先生从少年入门水彩画学习，直至晚年纯熟水彩画技法的发展历程，并展现了杨廷宝先生水彩画的个人写实风格和建筑画特色。

在本卷编纂过程中，得到杨廷宝先生的长女杨士英教授的全力支持和热心帮助，提供了家中珍藏的杨廷宝先生全部水彩画作，在此表示衷心的感谢！感谢中国建筑工业出版社前社长沈元勤、王莉慧副总编、李鸽副编审，以及本书责任编辑徐晓飞编审对本卷编纂工作给予的悉心指导和热诚帮助。

东南大学建筑学院

黎志涛

2019年5月

目录

001 一、求学清华

水木清华 002
清华园工字厅 003
四只小白兔 004
花布上的器皿 005
祥龙图案 006
古建彩画 007
彩铅佛像 008

009 二、留学宾大

陶器 010
宾大宿舍一角 011
蓝色花瓶 012
唐代佛像 013
费城 John Bartram 别墅 014
桥 016
水边小景 017
月季 018
小树 019
菊 020
郁金香 021
仙客来 022
画室 023
雪景 024
宾大博物馆 025
费城兰斯道尼小溪 026
费城美术馆夏令学校 027
乡镇小溪 028
阳光下 029
乡村建筑之一 030
乡村建筑之二 031
早春 032
墓园 033
庭院 034
华盛顿国会大厦 035
建筑前的喷泉池 036
大海 037
水边小屋 038
乡村 039
奥托纳尔林荫大道的下午 040
楼前小树 041
巴恩·菲尔蒙特公园 042
费城植物园 043
器皿 044
瓷瓶与铜炉 045
画室一角 046
宾大画室 047
栗山民居之一 048
宾大宿舍大门 049
华盛顿林肯纪念堂 050
花园洋房 052
费城拱门 053
圣·大卫斯墓园 054
栗山民居之二 055
公鸡 056
圣·彼得教堂塔尖 057
施工中的特拉华州大桥 058
梅角农村 059
梅角海滨 060
盲人学院 061
费城汉米尔顿别墅 062
费城待售民居一角 063
宾大礼堂入口 064
晚霞中的宾大宿舍 065
宾大宿舍入口 066
农村山坡建筑群 067
宾大温室 068
林间小路 069
水边梧桐 070
兰斯塘水湾 071
斯沃斯莫尔学院 072
斯沃斯莫尔学院西屋 073

宾大学生宿舍过街楼拱门洞 074
盲人学院一角 075
残垣 076
佛像 077
维尼轩池塘 078
水边倒影 079
双美 080
宾大宿舍拱廊 081
玫瑰 082
迈阿密海滩 083
迈阿密海边 084
教堂墓园 085
拱门 086

087 三、游学西欧

英国牛津大学一角 088
塞纳河畔的巴黎圣母院 089
巴黎卢森堡公园 090
巴黎某教堂入口 091
法国枫丹白露别宫 092
大台阶 094
意大利圣·米切尔修道院 095
威尼斯卡列吉宫 096
威尼斯小桥 098
威尼斯总督府 099
威尼斯河道 100
威尼斯圣·马可大教堂 101
威尼斯大运河 102
意大利博罗尼亚喷泉 104
佛罗伦萨维奇奥廊桥上的商店 105
佛罗伦萨临河商店 106
佛罗伦萨老桥 107
佛罗伦萨大教堂侧门 108
佛罗伦萨的玛丽娅·诺维拉教堂 109
佛罗伦萨的圣·斯比律实教堂 110
佛罗伦萨街景 111
罗马郊区的别墅与柏树 112
梵蒂冈圣·彼得大教堂广场喷泉 113
罗马斗兽场 114
罗马蒂图斯拱门 115
意大利别墅花园 116
意大利庭园 117
罗马圣·安吉洛城堡 118
罗马帕拉提涅山拱门 119
古罗马建筑遗迹 120
建筑拐角 121
民居 122
鲜花小镇 123
郊区 124

125 四、执业基泰

侧卧的新婚爱妻 126
夹竹桃 127
天津城郊 128
北京北海公园永安寺善因殿 129
北京北海西边大门 130
北京一景 131
古建一角 132
北京北海小西天券门 133
北京北海白塔 134
北平初春 135
故宫金水桥 136
访英速写之一 137
访英速写之二 138
访英速写之三 139
访英速写之四 140
访英速写之五 141
访英速写之六 142
访英速写之七 143
重庆沙坪坝 144

145 五、任教南工

南京鸡鸣寺门楼之一 146
月季花 147
新年瑞雪 148
山东曲阜孔庙启圣门 149
山东曲阜孔庙杏坛 150
山东曲阜孔宅屏风门 151
山东曲阜孔庙奎文阁西端 152
山东曲阜孔庙同文门 153
南京玄武湖之春 154
北京团城白皮松 155
北京四合院 156
北京牛街清真寺 157
北京团城古松 158
北京天坛西门 159
北京故宫御花园钦安殿 160
北京北海一角 161
北京菩提学会庙门 162
北京故宫御花园垂花门 163
从前门饭店俯视北京民房 164
北京颐和园后山琉璃塔 165
北京颐和园一角 166
南京鸡鸣寺门楼之二 167
南京古建筑 168
广州溪畔老树 169
广州镇海楼 170
广州镇海楼附近民居 172
广州农民运动讲习所 173
广州镇海楼南角 174
广州溪畔大榕树 175
广州清真教赛尔德墓园 176
北京北海琼岛牌楼 177
北京北海公园 178
北京故宫钦安殿后身 180
北京故宫钦安殿后承光门 181
北京国子监辟雍殿 182
国立中央研究院旧址 184
南京鼓楼大钟亭 185
南京太平天国天王府煦园画舫 186
南京鸡鸣寺 187
黄山民居 188
黄山工人宿舍 189
黄山锁泉桥 190
黄山《大好河山》石壁前的图书馆 191
黄山宾馆 192
黄山仙境 193
黄山《大好河山》石壁 194
黄山白龙桥 195
黄山龙吟巨石 196
黄山百丈泉瀑布 197
北京中山公园附近古建 198
北京故宫一角 199
北京故宫一景 200
青岛纺织工人疗养院礼堂 201
青岛湛山寺庙门全景 202
青岛湛山寺 204
青岛湛山寺庙门 205
青岛鲁迅公园 206
青岛海安牌楼 207
青岛海边 208
农机修造厂女工 210
小女孩 211
广东农民运动讲习所 212
成贤小筑院内 213
浙江嘉兴南湖革命纪念船 214
湖南韶山毛主席故居 216
黄山云雾 218
长沙湖南烈士公园纪念塔 219
南京九华山茶室 220
南京鼓楼公园一角 221
临永乐宫壁画 222
临江阁楼 223
厦门街景 224
山东泰安岱庙汉柏 225
福建武夷山武夷宫 226
武夷宫宋桂 228

一、求学清华

水木清华
1916 | 350×250

清华园工字厅

1920 | 230×350

四只小白兔

1916.06 | 350 × 250

花布上的器皿

1920 | 350×250

祥龙图案
1920 | 250×300

古建彩画（对页）
1920 | 230×350

彩铅佛像

1920 | 230 × 350

二、留学宾大

陶器
1921 | 350 × 250

宾大宿舍一角

1921.08.24 | 250 × 350

蓝色花瓶
1921 | 240 × 340

唐代佛像

1922.04.15 | 270 × 350

费城John Bartram别墅

1922.05.27 | 350 × 250

桥
1922 | 250 × 350

水边小景（对页）
1922 | 250 × 350

T.P. YANG

小树
1922 | 250 × 350

月季（对页）
1922 | 250 × 350

菊
1922 | 250 × 350

郁金香（对页）
1922 | 250 × 350

T. P. YANG

仙客来
1922 | 250×350

画室（对页）
1922 | 250×350

雪景
1923.04 | 260×420

宾大博物馆（对页）
1923.06.01 | 270×360

UNIV. MUSEUM
JUNE 1, 1923
T.P. YANG

June 24, 1923
T. P. Yang

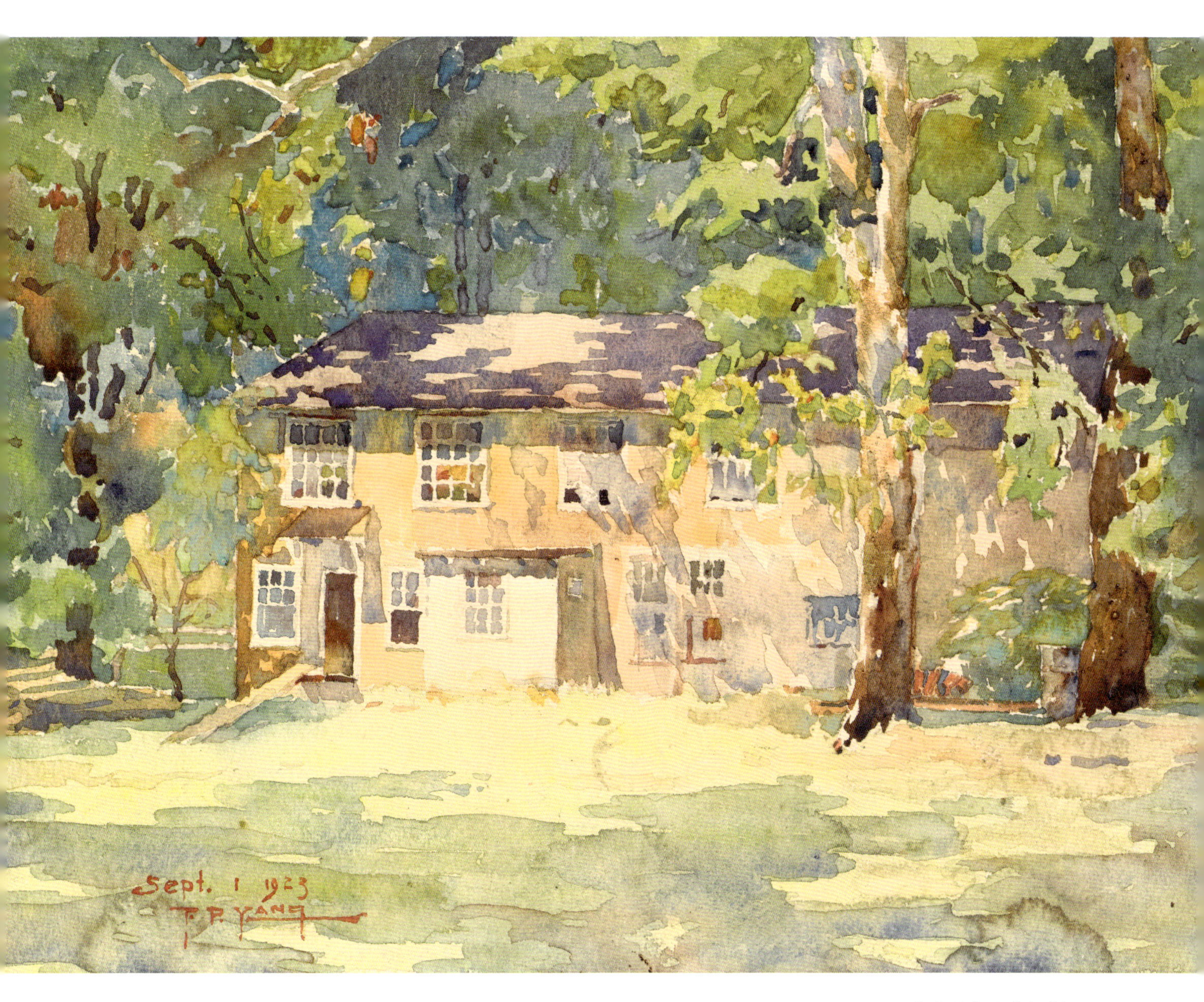

费城美术馆夏令学校
1923.09.01 | 350×250

费城兰斯道尼小溪（对页）
1923.06.24 | 270×360

sept. 1923
T. P. Yang

阳光下

1923.09 | 260 × 420

乡镇小溪（对页）

1923.09 | 250 × 350

乡村建筑之一
1923 | 350×250

乡村建筑之二（对页）
1923 | 250×350

早春
1923.04 | 230×350

墓园（对页）
1923 | 230×350

庭院
1923 | 350 × 250

华盛顿国会大厦（对页）
1923 | 250 × 350

建筑前的喷泉池

1923 | 350×250

大海

1923 | 350×250

水边小屋

1923 | 350×250

乡村

1923 | 350 × 250

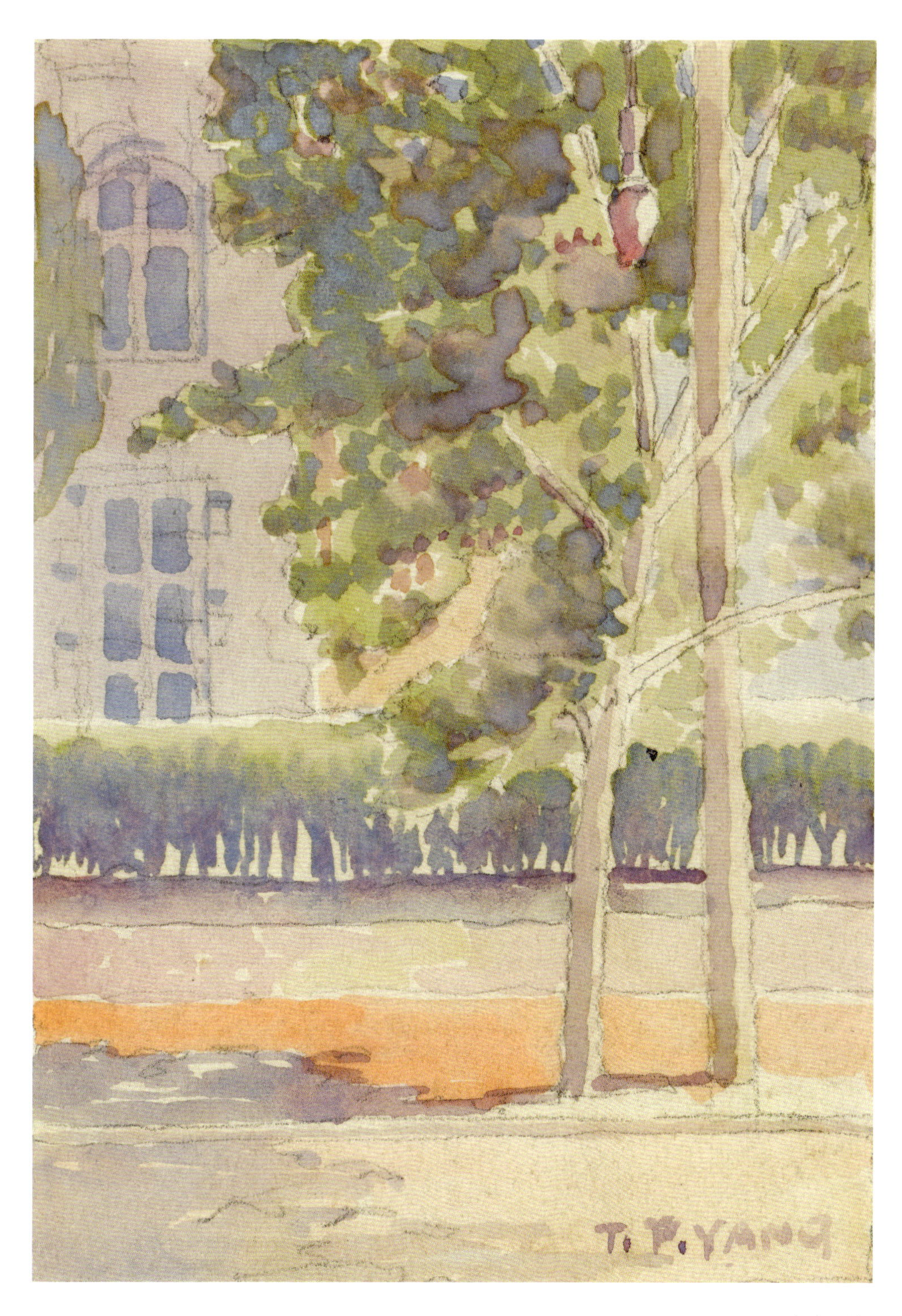

楼前小树
1923 | 250 × 350

奥托纳尔林荫大道的下午（对页）
1923.11.15 | 260 × 420

巴恩·菲尔蒙特公园
1924.03.30 | 250×200

费城植物园（对页）
1924 | 250×350

T.P. YANG

器皿

1924 | 260×360

瓷瓶与铜炉（对页）

1924 | 250×340

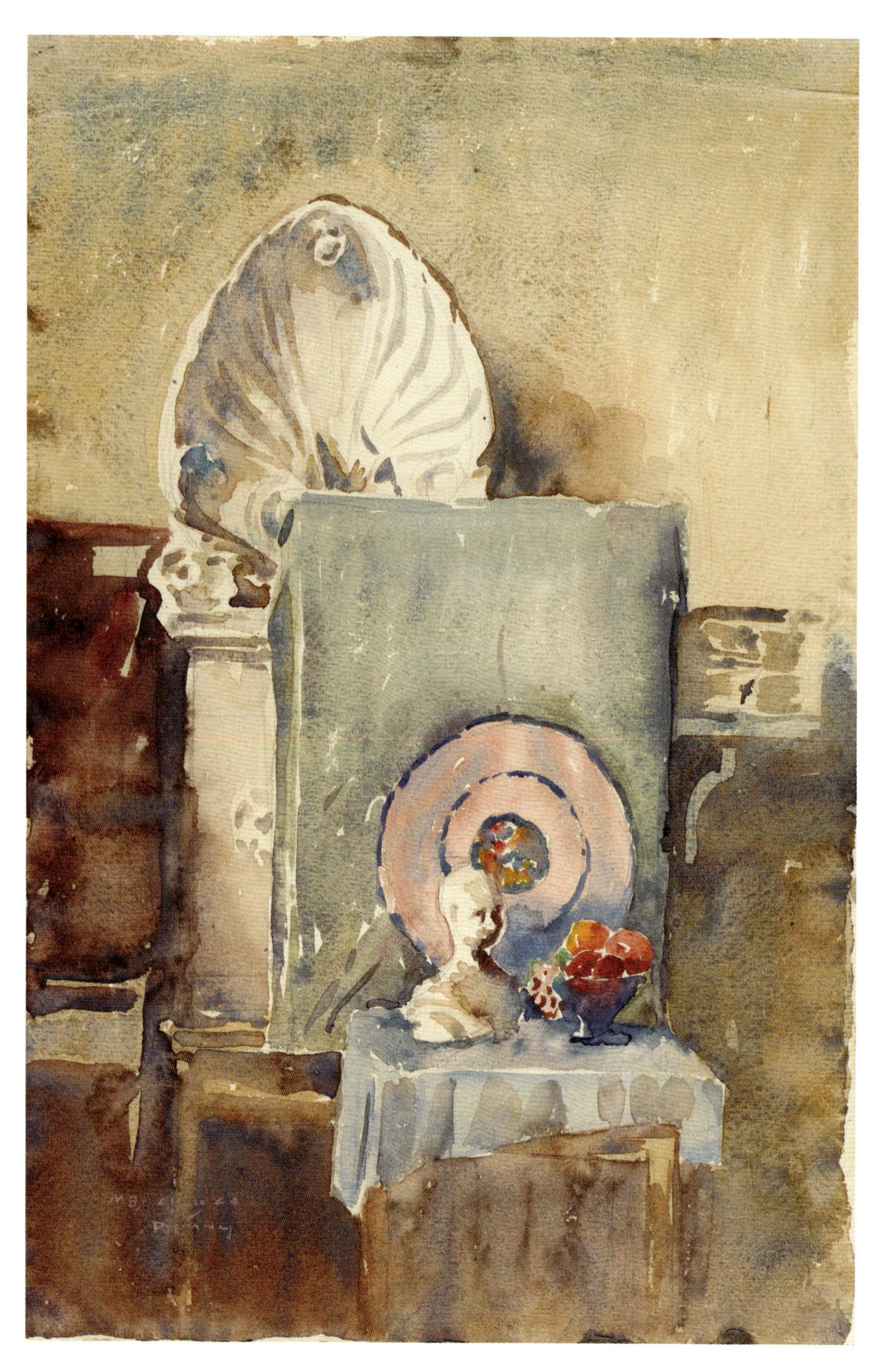

画室一角
1924 | 230×550

宾大画室（对页）
1924.04.30 | 250×350

April 30 1924
T. P. YANG

栗山民居之一
1924.05 | 250×350

宾大宿舍大门（对页）
1924.05.18 | 220×310

May 18. 1924
T. P. YANG

华盛顿林肯纪念堂

1924.05.25 | 460×300

花园洋房
1924.06.15 | 270 × 350

赉城拱门（对页）
1924.06.28 | 270 × 360

June 28 1924
T. P. Yang

圣·大卫斯墓园

1924.07.20 | 350 × 250

栗山民居之二

1924.07.19 | 350 × 250

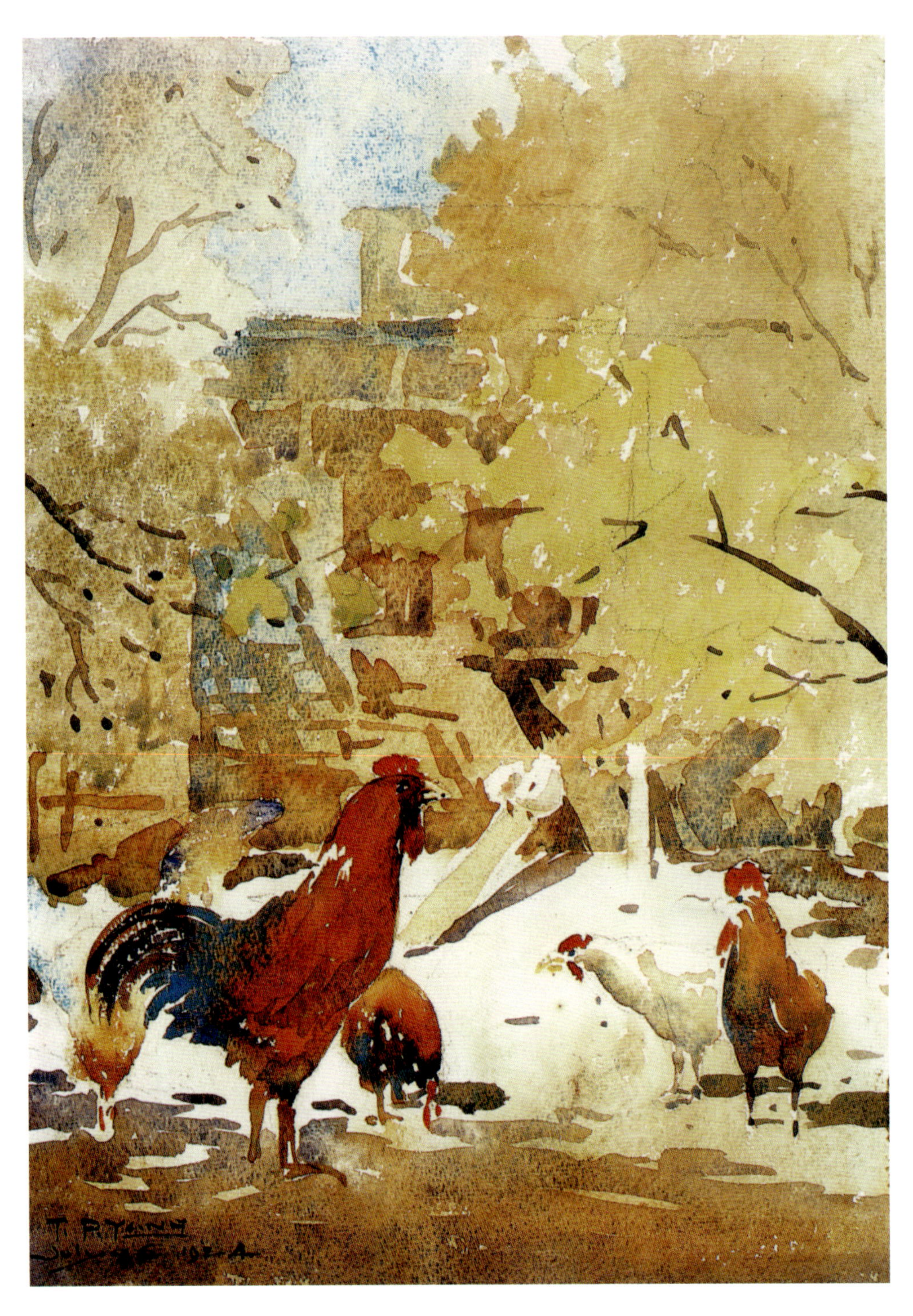

公鸡
1924.07.26 | 250×350

圣·彼得教堂塔尖（对页）
1924.08.02 | 250×460

ST. PETER'S
AUG 2 1924
T. P. YANG

DELAWARE BRIDGE
AUGUST 2 1924
T. F. YANG

梅角农村
1924.08.03 | 460 × 300

施工中的特拉华州大桥（对页）
1924.08.02 | 300 × 460

梅角海滨
1924.08.03 | 460×250

盲人学院（对页）
1924.08.10 | 300×460

BLIND INSTITUTE
AUG' 10 1924
T. P. YANG

费城汉米尔顿别墅

1924.08.20 | 350 × 250

费城待售民居一角

1924.09.06 | 460×300

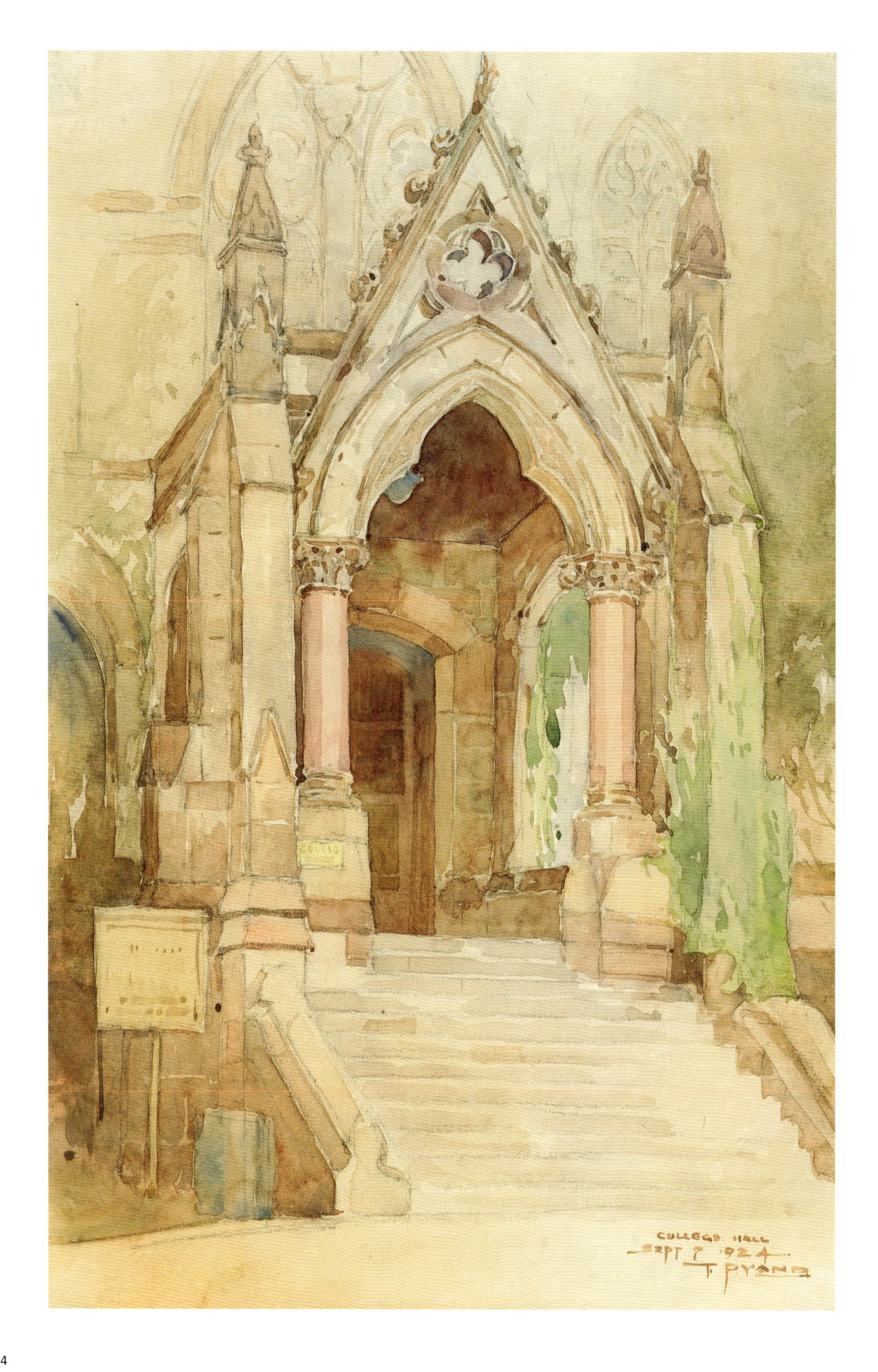
COLLEGE HALL
SEPT 7 1924
T. YANG

晚霞中的宾大宿舍
1924.10.01 | 350 × 250

宾大礼堂入口（对页）
1924.09.07 | 300 × 460

宾大宿舍入口

1924.10.08 | 300 × 460

农村山坡建筑群

1924.10.29 | 360 × 270

林间小路（对页）
1925 | 360 × 450

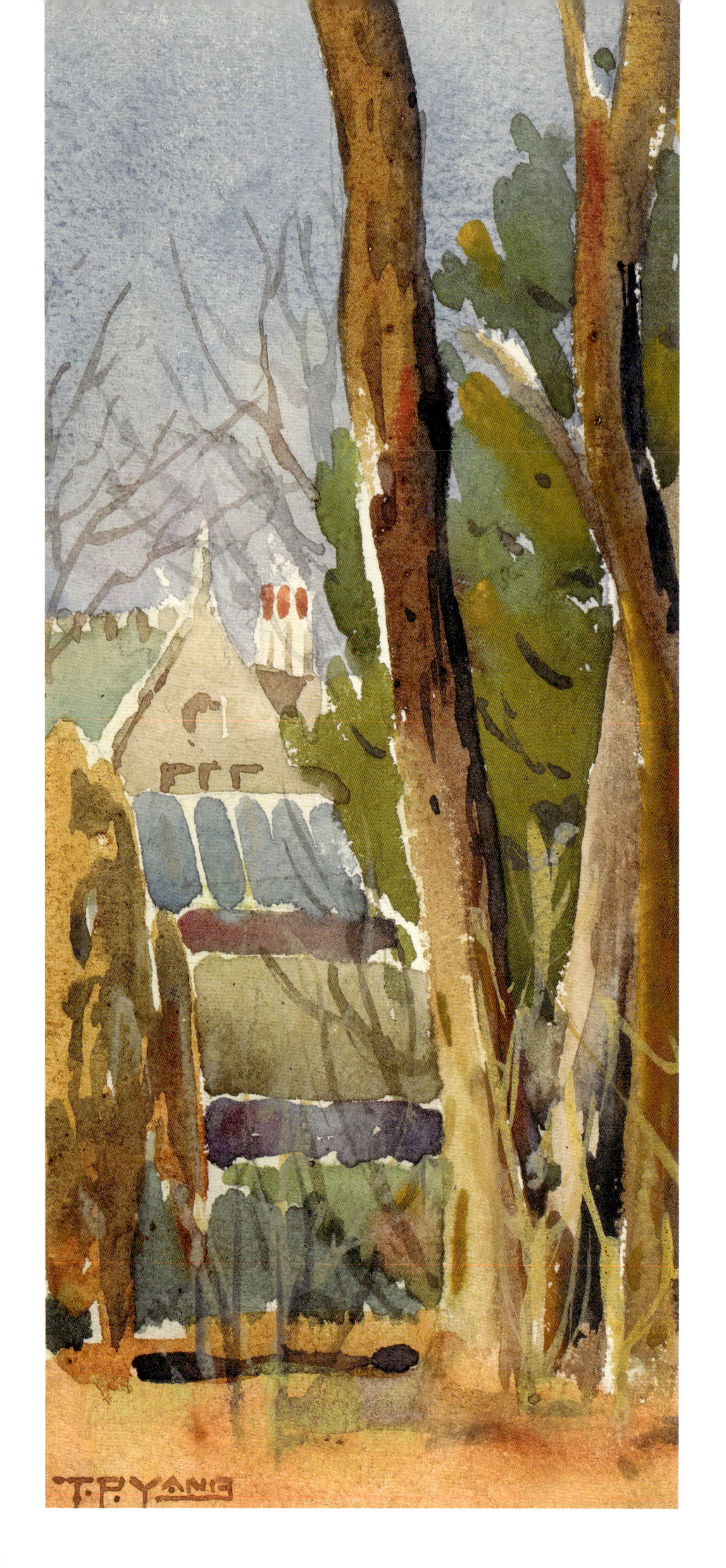

宾大温室
1925 | 210 × 460

T.P.YANG

兰斯塘水湾
1925 | 450 × 360

水边梧桐（对页）
1925 | 300 × 460

斯沃斯莫尔学院
1925.07.04 | 300×470

斯沃斯莫尔学院西屋（对页）
1925.07.05 | 360×450

West House
Swarthmore
July 5. 1925
T. P. YANG

宾大学生宿舍过街楼拱门洞

1925.04.25 | 220 × 320

盲人学院一角（对页）

1925.08.16 | 250 × 350

T.P. YANG
Aug. 16, 1925

T.P. YANG
OCT. 18. 1925

佛像
1925 | 250 × 350

残垣（对页）
1925.10.18 | 300 × 460

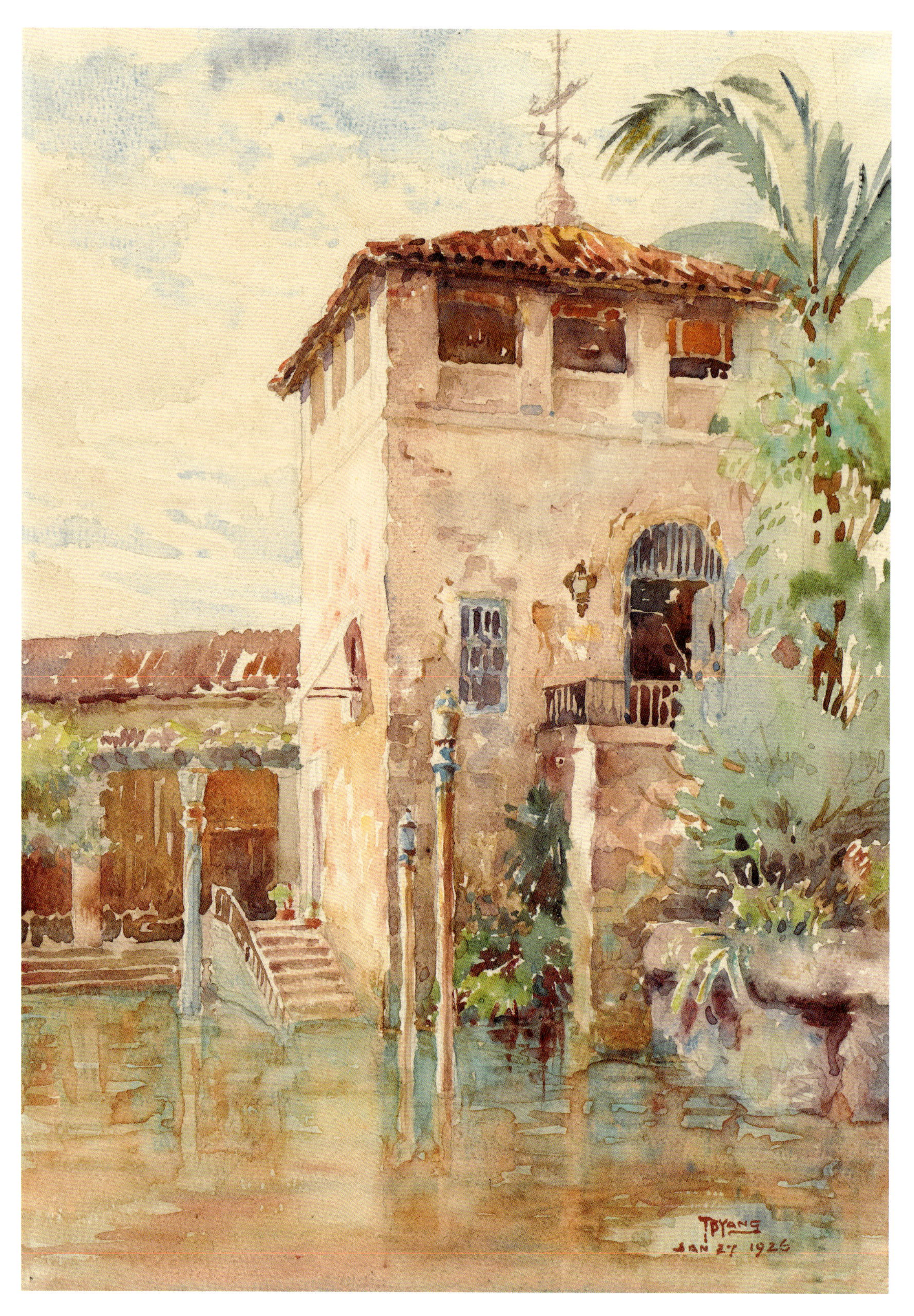

维尼轩池塘
1926.01.27 | 250×350

水边倒影（对页）
1926.05.29 | 300×460

TPYANG
MAY 29 1926

双美

1926.05.31 | 250×340

宾大宿舍拱廊

1926.06.09 | 350 × 250

玫瑰

1926.06.18 | 250 × 340

迈阿密海滩

1926.06.25 | 350 × 250

迈阿密海边

1926.06.25 | 350 × 250

教堂墓园

1926.07.18 | 260×360

拱门

1926.07.23 | 300 × 460

三、游学西欧

英国牛津大学一角
1926.08.29 | 350×250

塞纳河畔的巴黎圣母院（对页）
1926 | 260×370

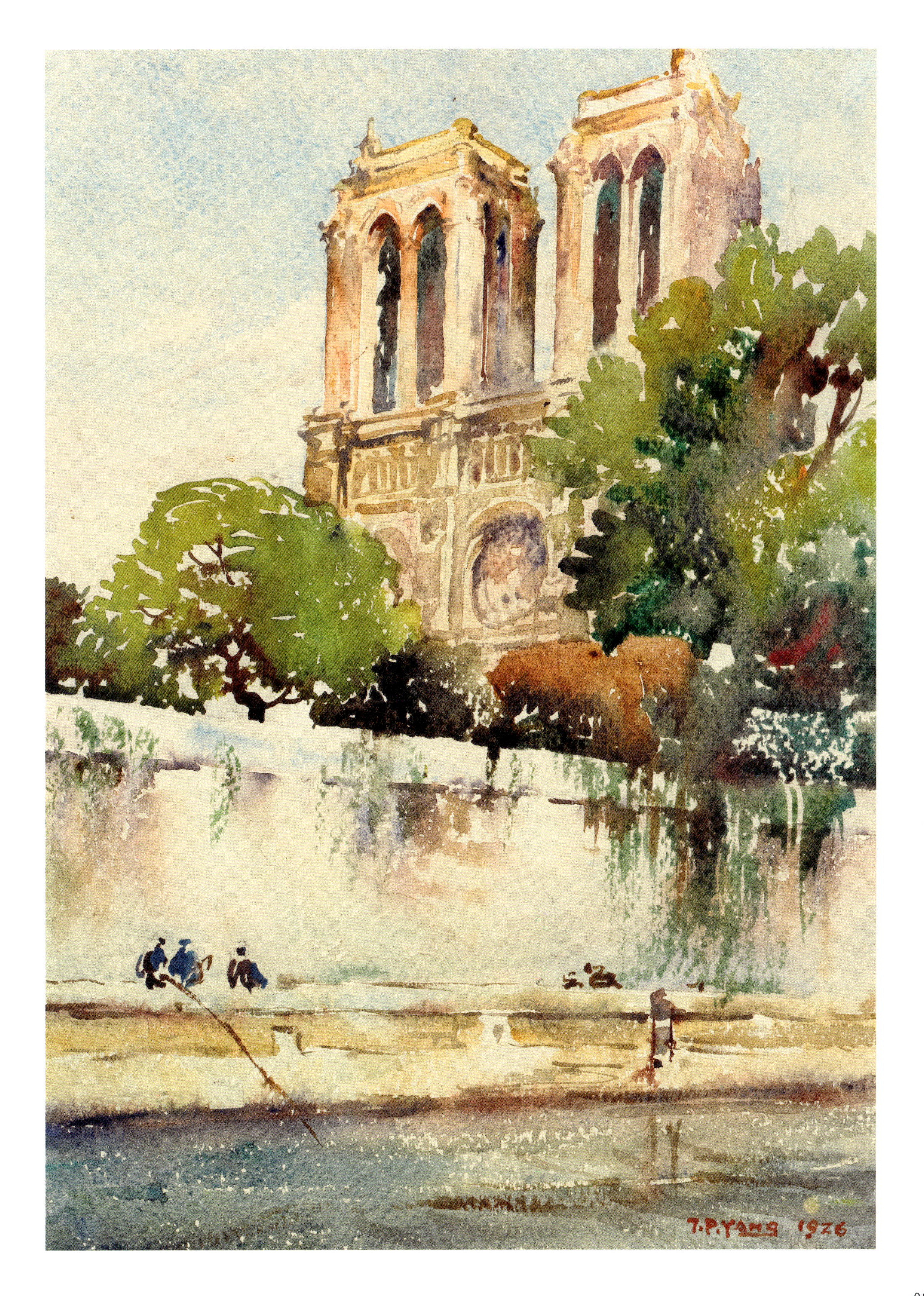
T.P.YANG 1926

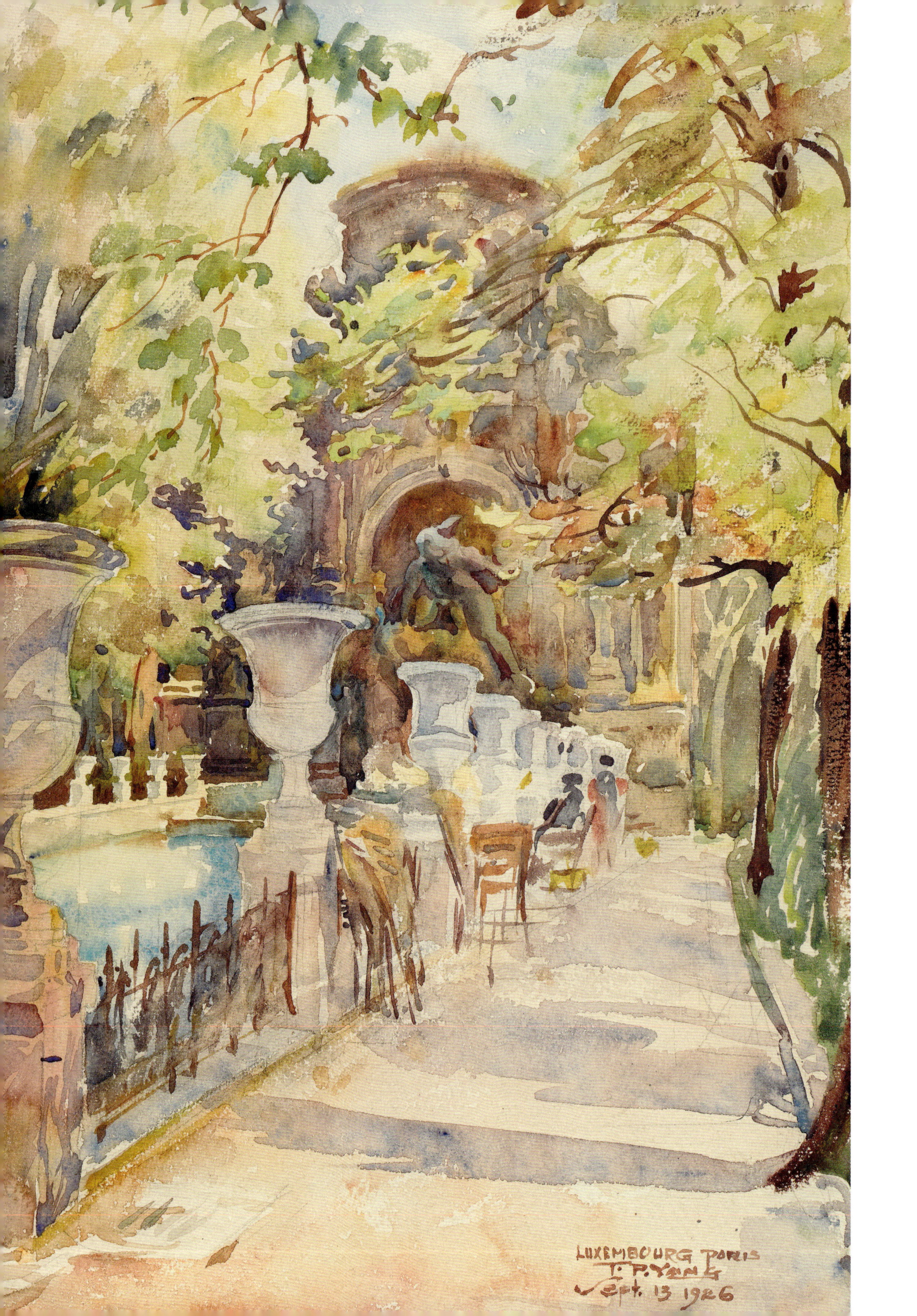
LUXEMBOURG PARIS
T. P. YANG
Sept. 13 1926

巴黎某教堂入口

1926 | 180×270

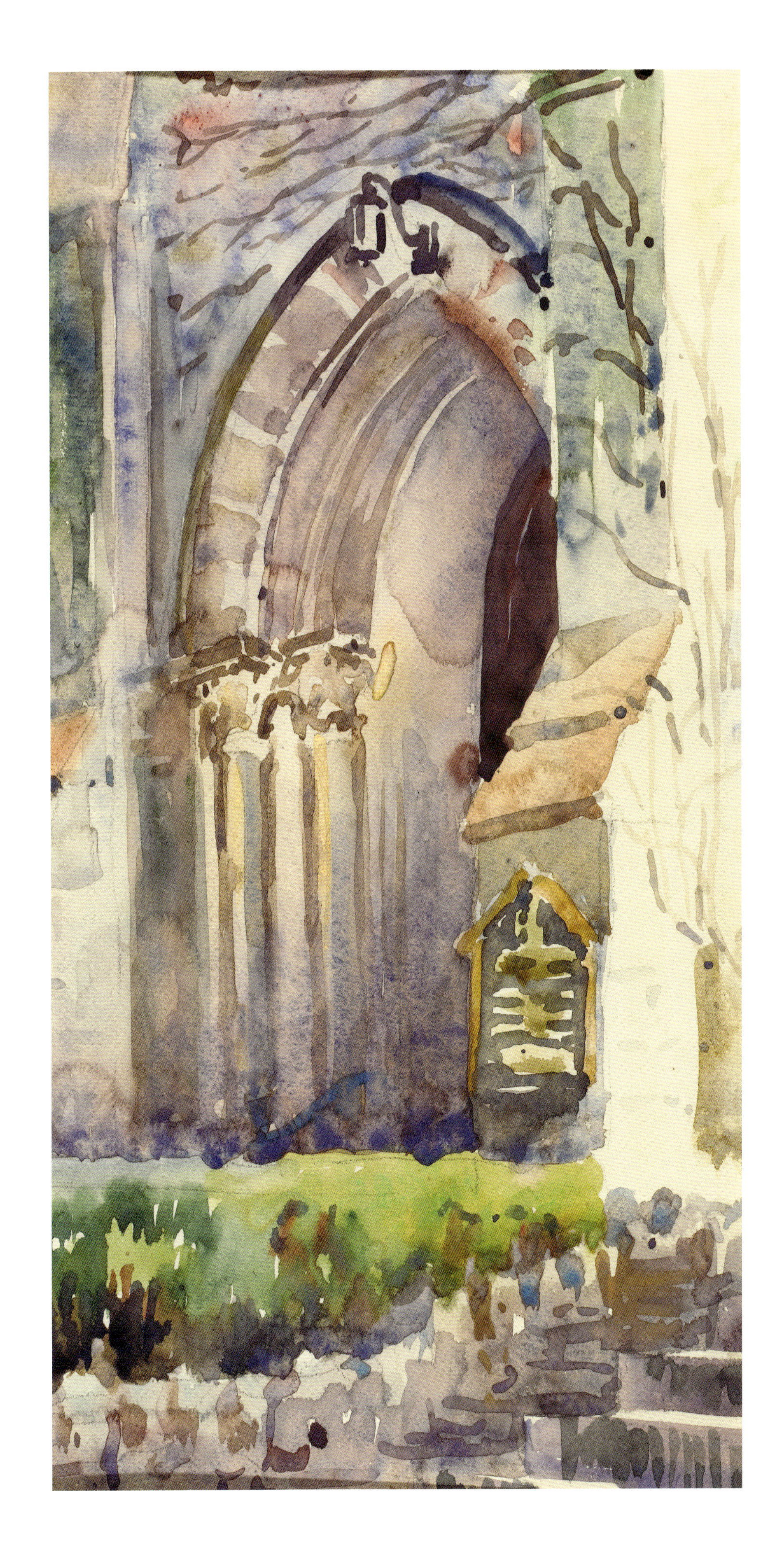

巴黎卢森堡公园（对页）

1926.9.13 | 300×460

法国枫丹白露别宫

1926.10.03 | 420 × 310

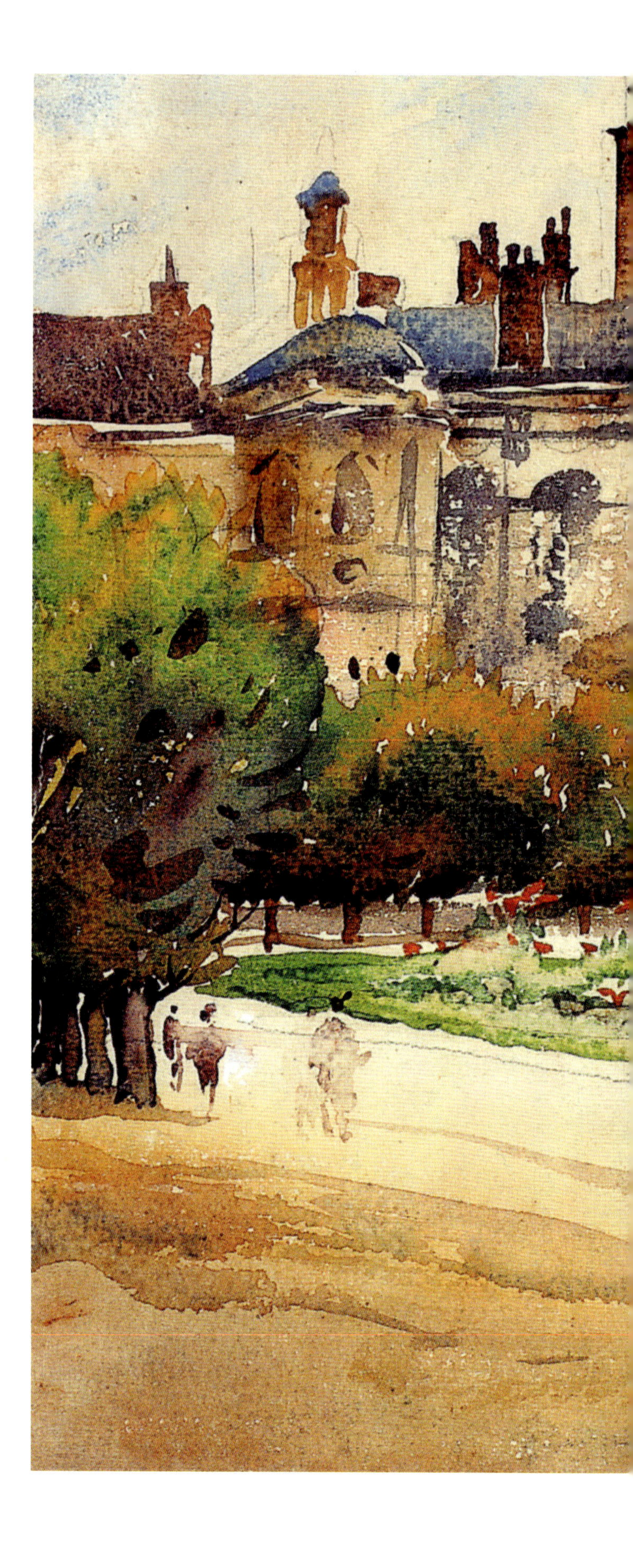

T.P.YANG OCT.3 1926

T.P.YANG
Oct 10 1926

意大利圣·米切尔修道院
1926.10.10 | 260 × 370

大台阶（对页）
1926.10.10 | 260 × 370

威尼斯卡列吉宫

1926.11.05 | 370 × 260

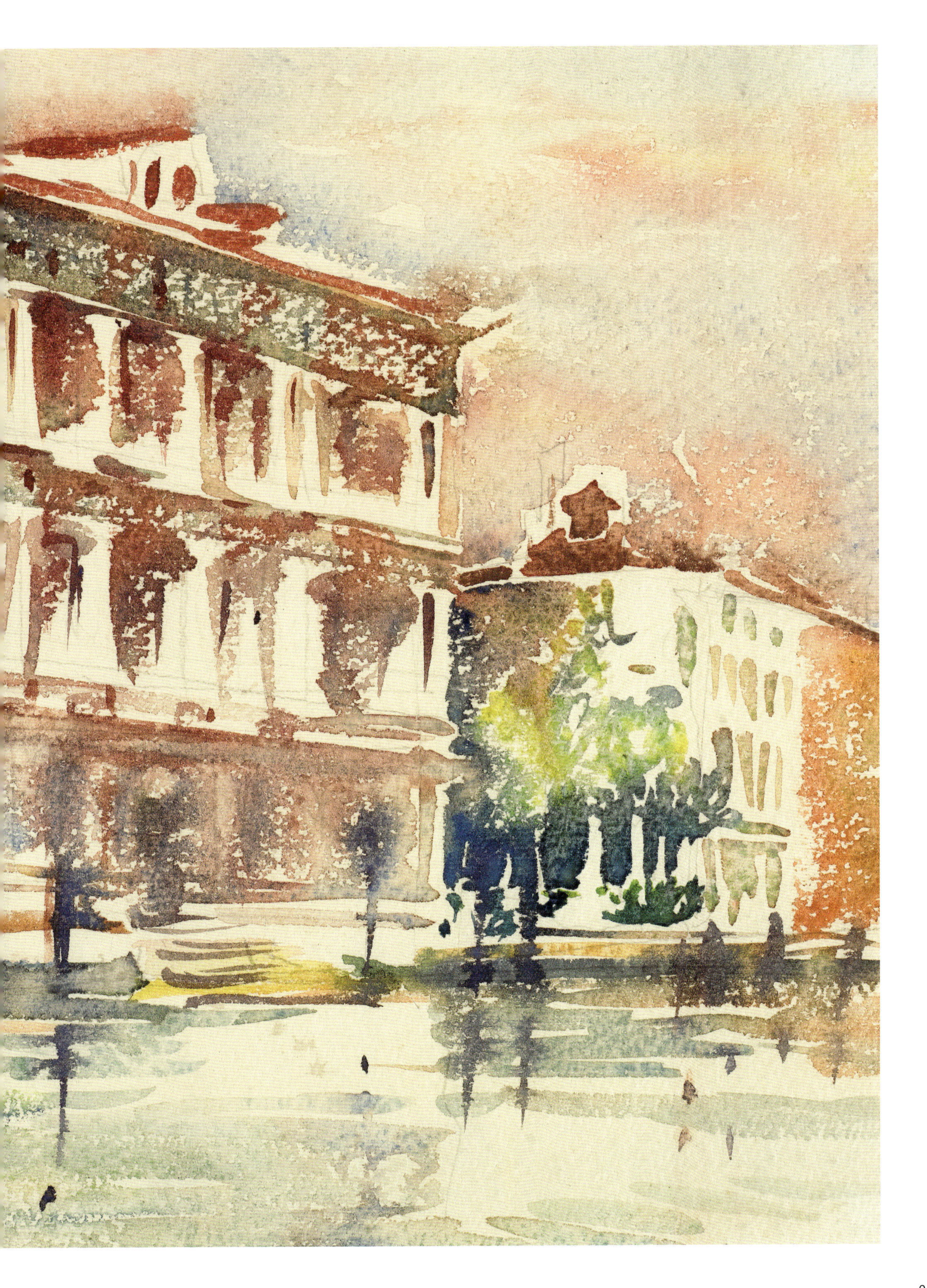

T.P.YANG
NOV 6 1926

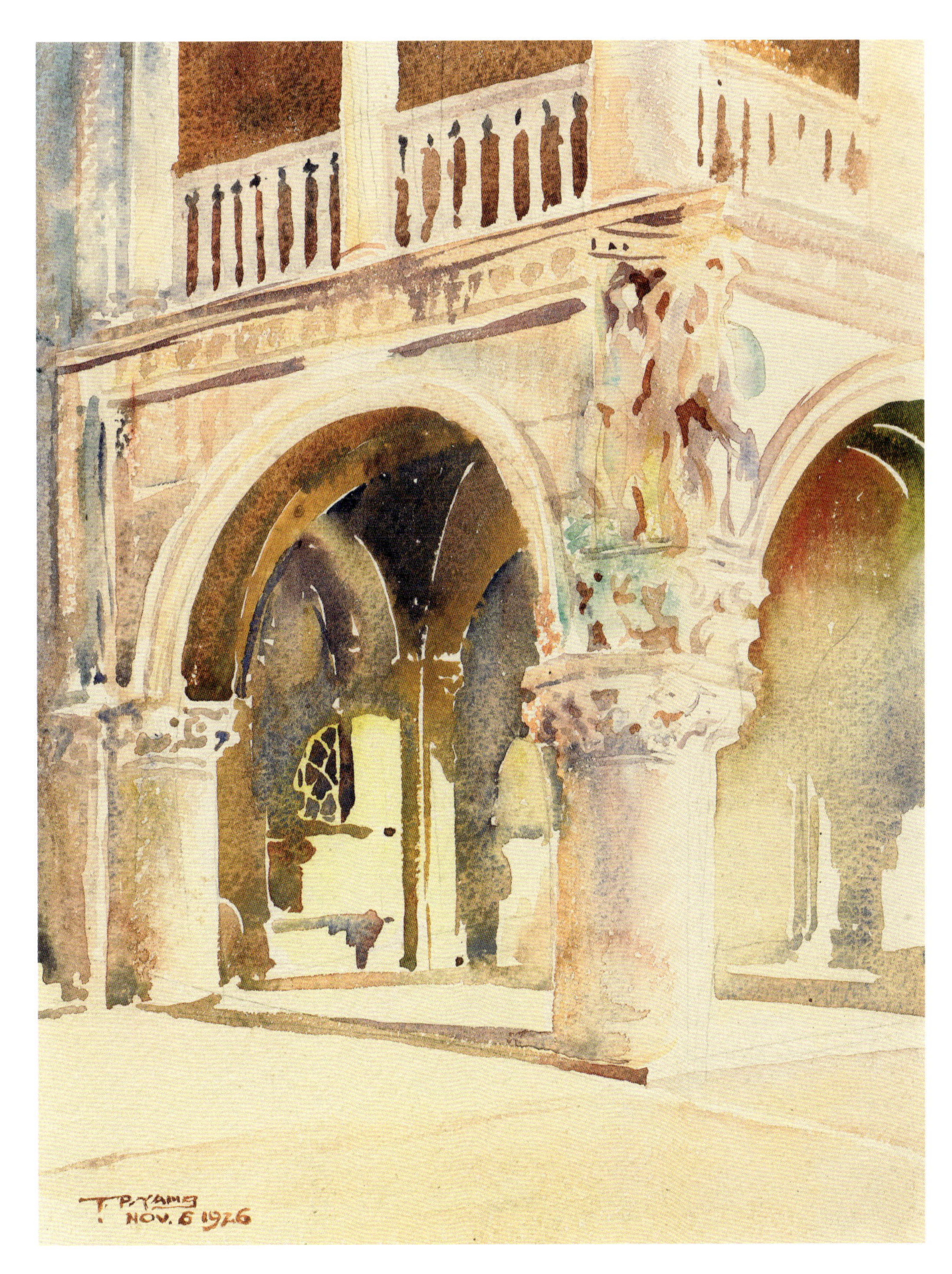

威尼斯总督府
1926.11.06 | 270×350

威尼斯小桥（对页）
1926.11.06 | 270×350

威尼斯河道

1926.11.07 | 300 × 460

威尼斯圣·马可大教堂

1926.11.07 | 460×300

威尼斯大运河

1926.11.08 | 460×300

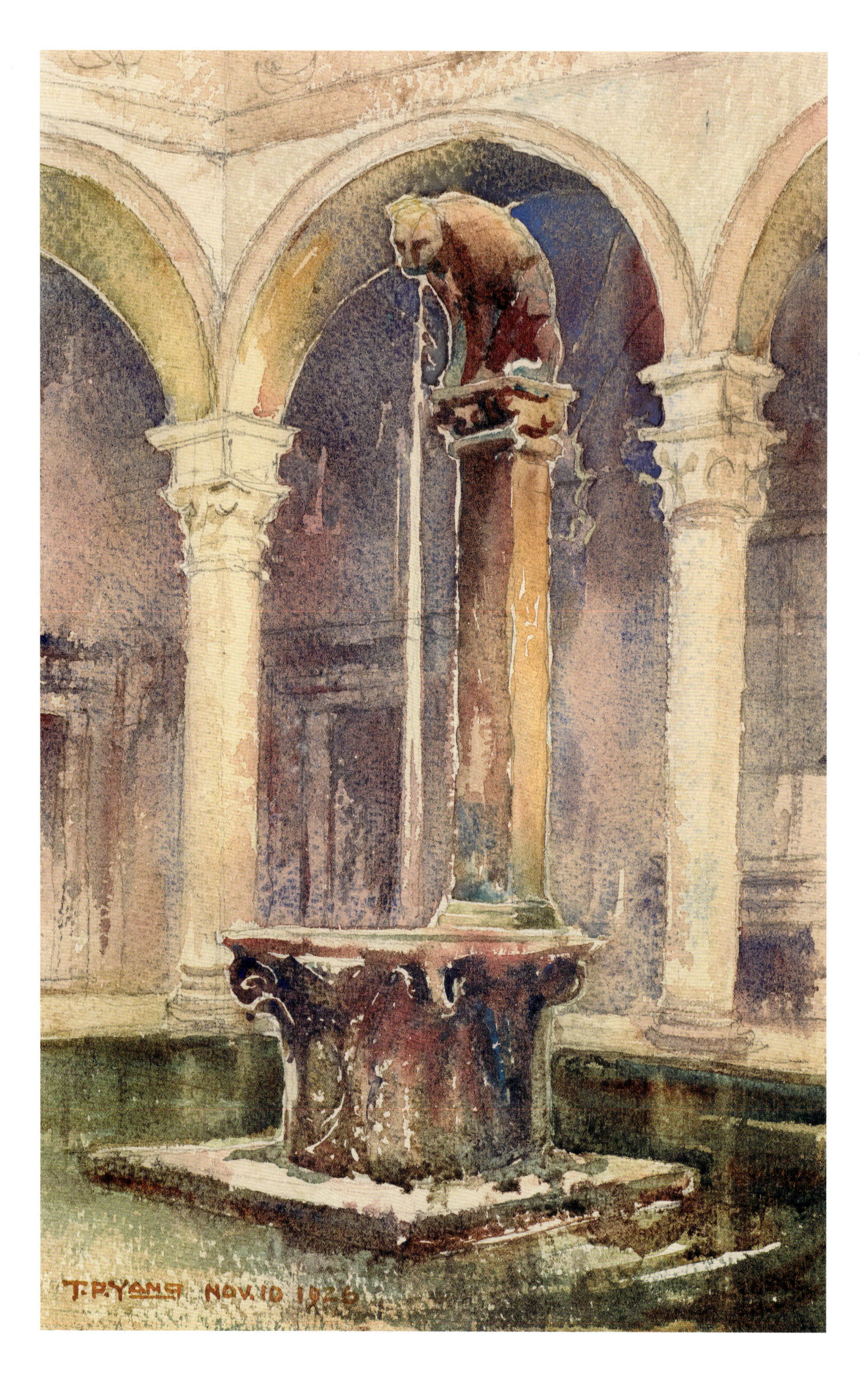
T.P.YANG NOV.10 1926

佛罗伦萨维奇奥廊桥上的商店

1926.11.15 | 110 × 270

意大利博罗尼亚喷泉（对页）

1926.11.10 | 220 × 330

T.P. YANG
NOV 15 1926

佛罗伦萨老桥

1926.11.15 | 260×190

佛罗伦萨临河商店（对页）

1926.11.15 | 270×370

T.P. YANG NOV. 15 1926

佛罗伦萨大教堂侧门（对页）
1926.11.15 | 270×370

佛罗伦萨的玛丽娅·诺维拉教堂
1926.11.16 | 270×370

佛罗伦萨的圣·斯比律宊教堂
1926.11.16 | 270×370

佛罗伦萨街景（对页）
1926.11.27 | 270×370

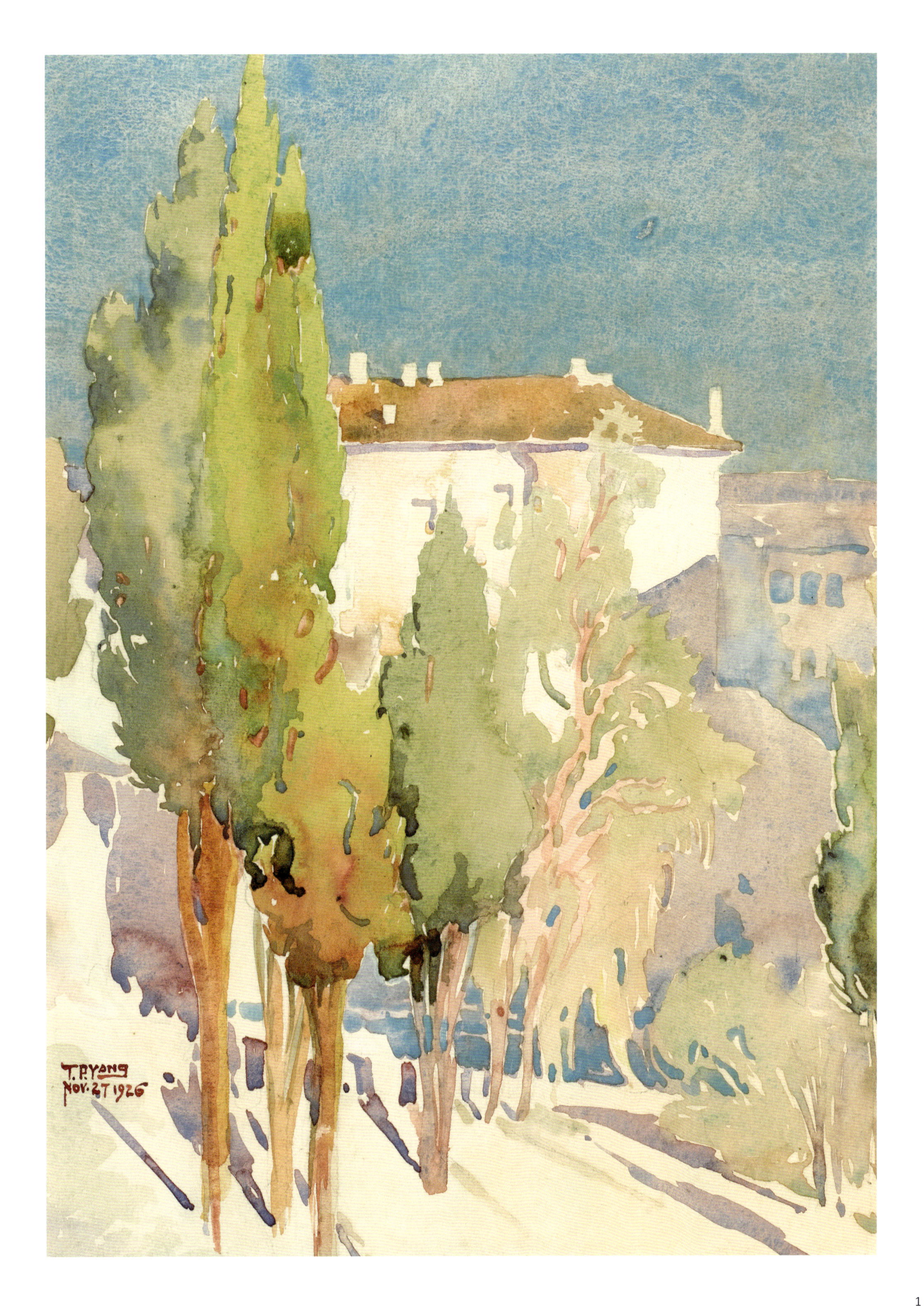
T.P.YANG
NOV.27 1926

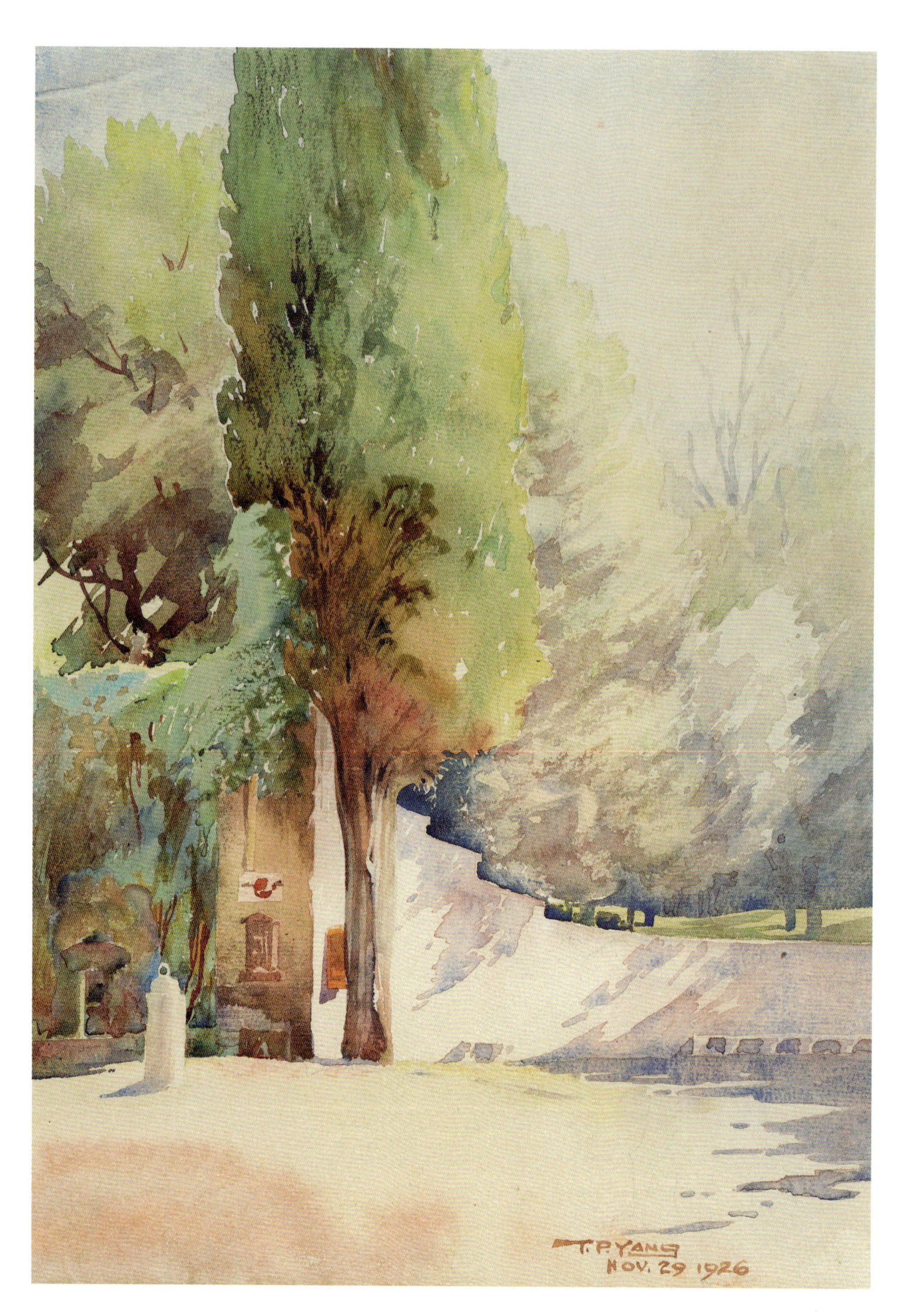

罗马郊区的别墅与柏树
1926.11.29 | 270 × 370

梵蒂冈圣·彼得大教堂广场喷泉（对页）
1926.12.02 | 300 × 460

T.P. YANG
DEC. 2 1926

罗马斗兽场

1926.12.03 | 460 × 300

罗马蒂图斯拱门

1926.12.03 | 300×460

意大利别墅花园

1926.12.08 | 460 × 300

意大利庭园

1926.12.10 | 460×300

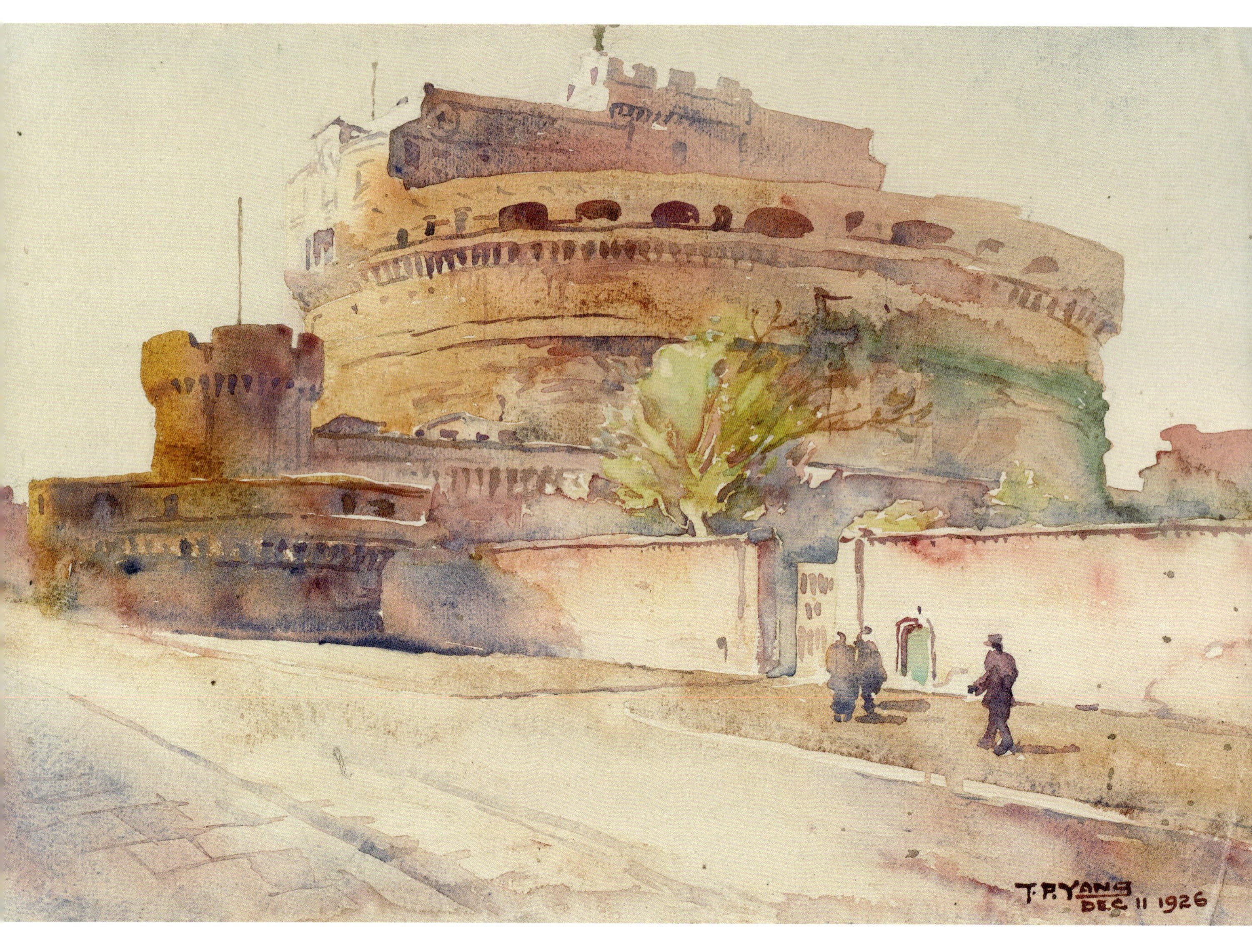

罗马圣·安吉洛城堡

1926.12.11 | 460 × 300

罗马帕拉提涅山拱门

1926.12.12 | 300 × 460

T.P.YANG
DEC 19 1926

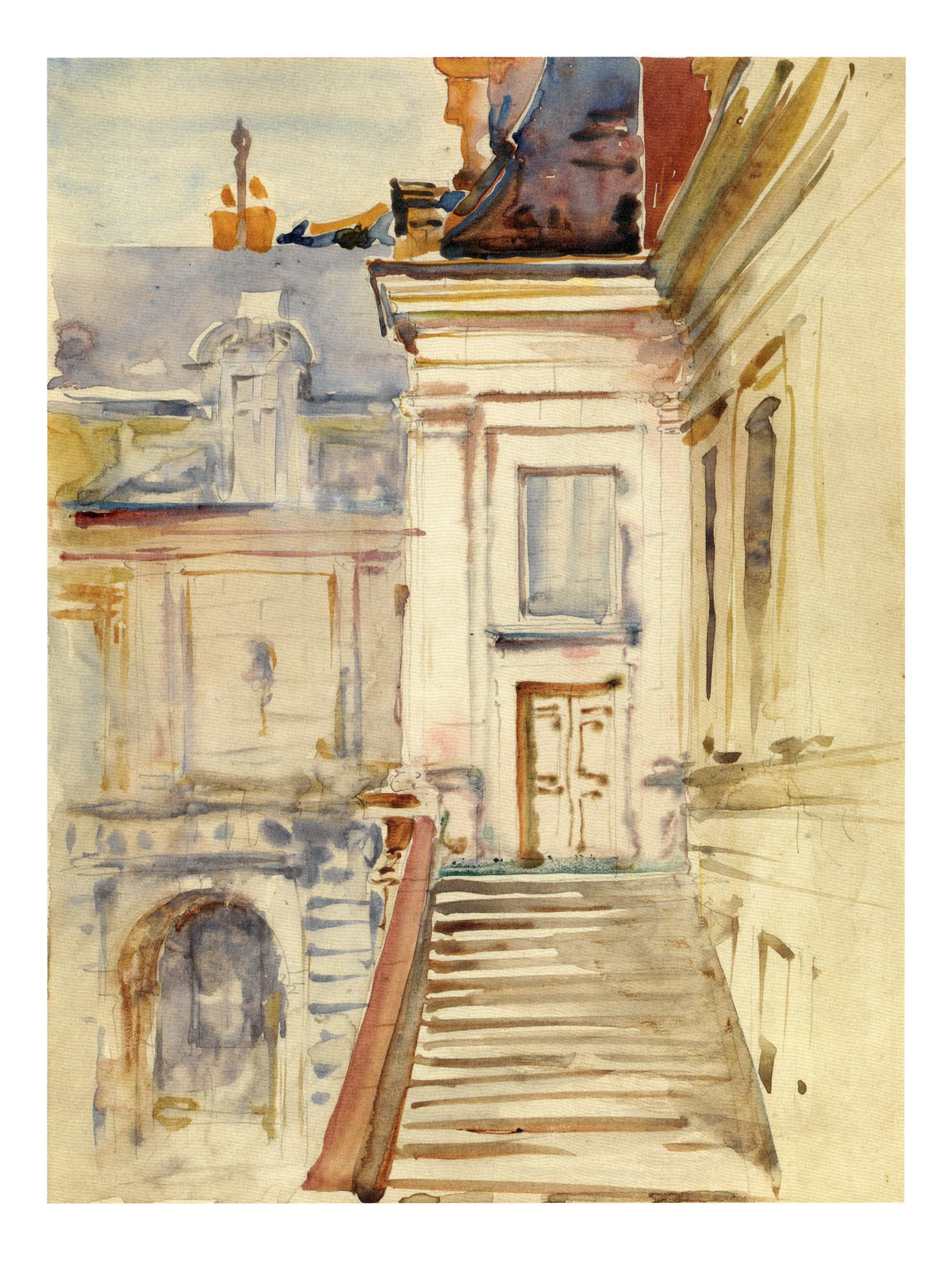

古罗马建筑遗迹（对页）
1926.12.13 | 300 × 460

建筑拐角
1926 | 250 × 350

民居

1926 | 350×250

鲜花小镇

1926 | 350×250

郊区
1926 | 300×250

四、执业基泰

T.P.YANG
APRIL 24
1927

侧卧的新婚爱妻（对页）
1927.04.24 | 210 × 310

夹竹桃
1929.07.01 | 210 × 310

天津城郊
1929.08.03 | 160×240

北京北海公园永安寺善因殿（对页）
1929.09.04 | 250×350

T.P.YANG
SEPT.4 1929

T. P. YANG
September 1929

北京一景

1929.09.05 | 450×360

北京北海西边大门（对页）

1929.09 | 360×450

古建一角
1934.04 | 250 × 350

北京北海小西天券门（对页）
1935.09 | 280 × 370

SEPT. 1985
T. P. YANG

北京北海白塔

1936.06.21 | 250 × 350

北平初春

1936 | 450 × 360

故宫金水桥

1936.10.11 | 450 × 360

访英速写之一

1945.01 | 390 × 270

访英速写之二
1945.01.27 | 390×270

访英速写之三（对页）
1945.01.27 | 250×350

T.P.YANG
JAN 1945

T.P. YANG
JAN 27

访英速写之五
1945.01.27 | 350 × 250

访英速写之四（对页）
1945.01.27 | 250 × 350

T.P. YANG
MAY 6 1945

访英速写之七
1945.08.26 | 250 × 350

访英速写之六（对页）
1945.05.06 | 250 × 350

重庆沙坪坝
1946.02.24 | 250 × 350

五、任教南工

T.P.YANG MAY 17. 1949

月季花
1951.05.16 | 290×380

南京鸡鸣寺门楼之一（对页）
1949.05.17 | 360×450

新年瑞雪

1955.01.01 | 300×230

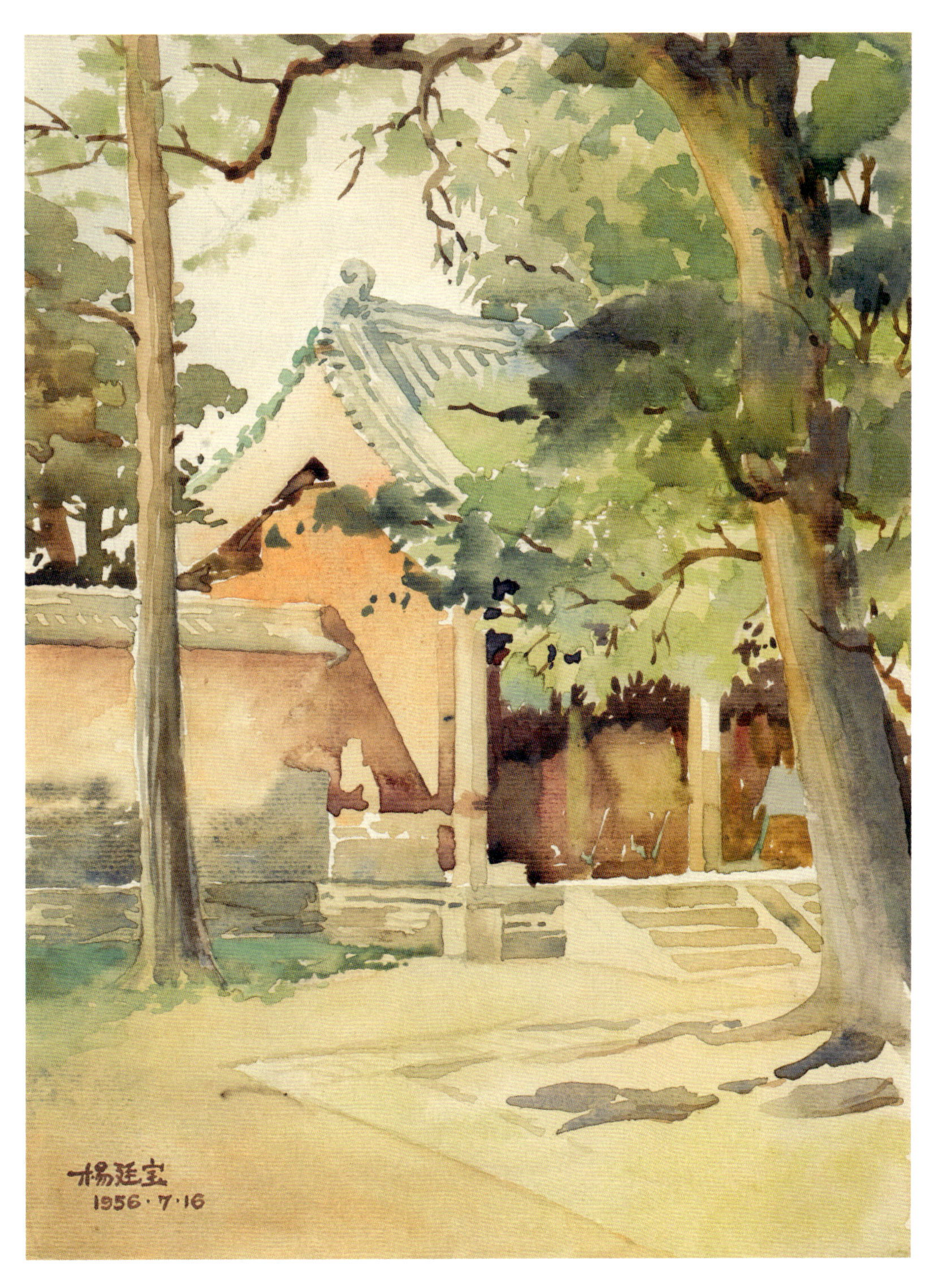

山东曲阜孔庙启圣门

1956.07.16 | 230×300

山东曲阜孔庙杏坛
1956.07.17 | 230 × 300

山东曲阜孔宅屏风门（对页）
1956.07.17 | 230 × 300

楊廷宝
1956·7·17

楊廷宝
1956.7.18

山东曲阜孔庙同文门
1956.07.19 | 300 × 230

山东曲阜孔庙奎文阁西端（对页）
1956.7.18 | 230 × 300

南京玄武湖之春
1957.04.14 | 300×230

北京团城白皮松（对页）
1957.06.18 | 230×300

楊廷宝 1957·6·18

北京四合院
1957.6.20 | 230 × 300

北京牛街清真寺
1957.06.30 | 230 × 300

楊廷宝

T. F. YANG
1959.4.26
团城古松

北京天坛西门

1959.06.16 | 310 × 210

北京团城古松（对页）

1959.04.26 | 210 × 310

T.P.YANG
1959-7-9

北京故宫御花园钦安殿（对页）

1959.07.09 | 210×310

北京北海一角

1959.07.10 | 210×310

北京菩提学会庙门

1959.07.10 | 310×120

北京故宫御花园垂花门

1959.07.12 | 310×210

从前门饭店俯视北京民房
1960.03.30 | 310×210

北京颐和园后山琉璃塔（对页）
1960.05.31 | 280×300

T. P. YANG
1960·5·31

北京颐和园一角

1960.06.14 | 230×300

南京鸡鸣寺门楼之二（对页）

1961.03.23 | 210×310

T. P. YANG
1961·3·23

南京古建筑

1961.03.25 | 300 × 230

广州溪畔老树

1961.11.16 | 410×290

T.P.YANG
1962-2-15

广州镇海楼

1962.02.15 | 300 × 250

广州镇海楼附近民居

1962 | 180×250

广州农民运动讲习所（对页）

1962.02.18 | 220×300

T.P. YANG
1962-2-18

T.P. YANG
1962·3·2

广州溪畔大榕树

1962.03.06 | 300 × 230

广州镇海楼南角（对页）

1962.03.02 | 230 × 300

广州清真教赛尔德墓园

1962.03.13 | 230 × 300

北京北海琼岛牌楼

1962.03.20 | 230×300

北京北海公园

1962.04.06 | 300 × 230

T.P.YANG
1962-3-21

北京故宫钦安殿后承光门

1962.04.09 | 300×230

北京故宫钦安殿后身（对页）

1962.03.21 | 230×300

1962·8·20

北京国子监辟雍殿

1962.08.20 | 300 × 230

国立中央研究院旧址
1962.10.05 | 300 × 230

南京鼓楼大钟亭（对页）
1962.11.14 | 230 × 300

T.P.YANG
1962-11-14

南京太平天国天王府煦园画舫

1962.11.17 | 300 × 230

南京鸡鸣寺

1962.12.09 | 300 × 230

T.P.YANG
1963·8·5

黄山工人宿舍
1963.08.06 | 390×270

黄山民居（对页）
1963.08.05 | 270×390

黄山锁泉桥

1963.08.07 | 390×270

黄山《大好河山》石壁前的图书馆（对页）

1963.08.08 | 270×390

好
河
山
T. P. YANG
1963.8.8

黄山宾馆

1963.08.08 | 250×350

黄山仙境

1963.08.09 | 250 × 350

T.P.YANG
1963-8-11

黄山白龙桥
1963.08.13 | 250×350

黄山《大好河山》石壁（对页）
1963.08.11 | 250×350

黄山龙吟巨石
1963.08.14 | 250 × 350

黄山百丈泉瀑布（对页）
1963.08.15 | 250 × 350

T.P.YANG
1963-8-15

北京中山公园附近古建

1964.06.28 | 350 × 250

北京故宫一角（对页）

1964.07.01 | 300 × 430

T.P. YANG
1964-7-1

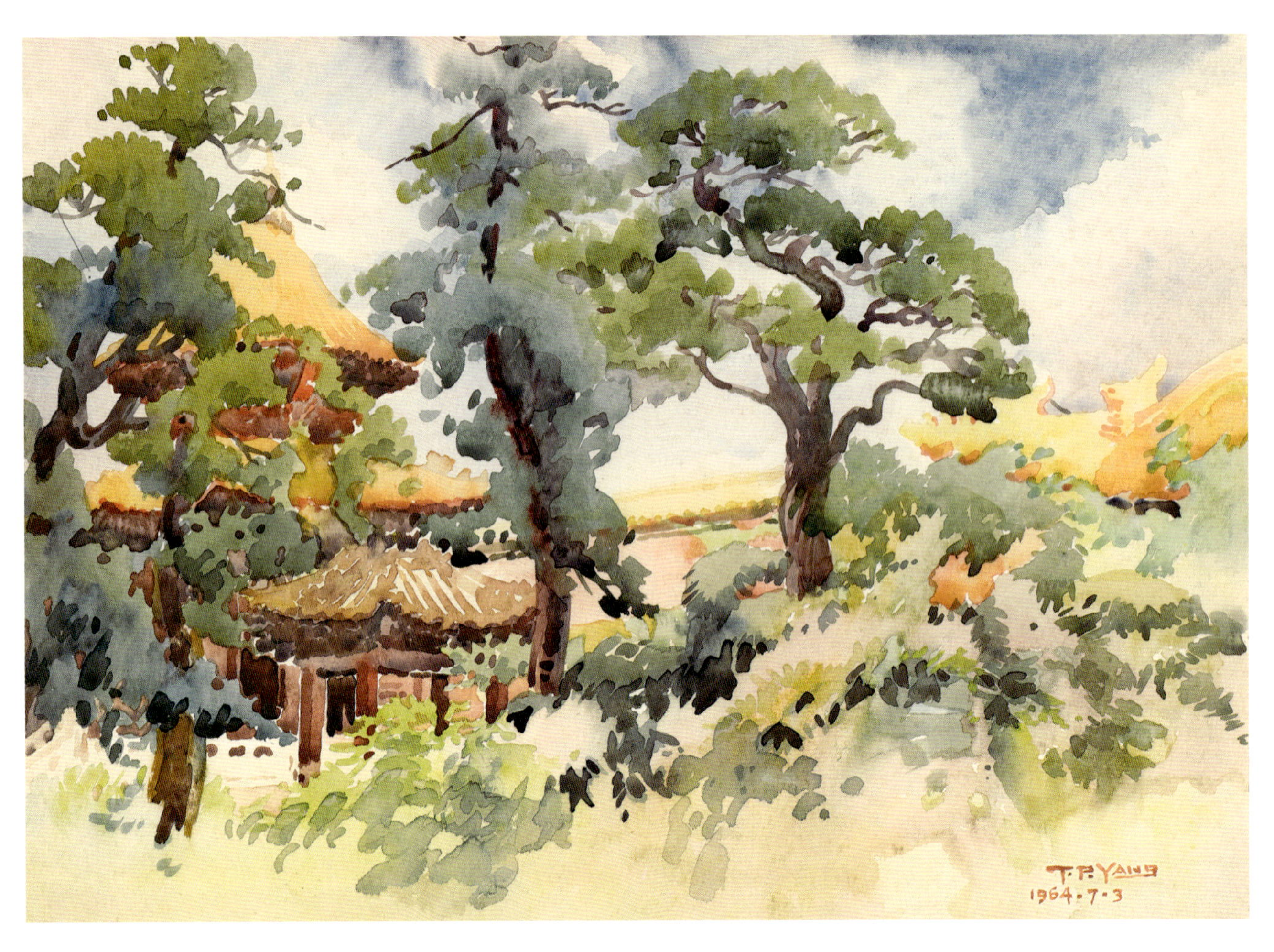

北京故宫一景

1964.07.03 | 430 × 300

青岛纺织工人疗养院礼堂

1964.07.31 | 430 × 300

青岛湛山寺庙门全景

1964.08.02 | 430 × 300

青岛湛山寺
1964.08 | 430 × 300

青岛湛山寺庙门（对页）
1964.08.02 | 300 × 430

T.P.YANG
1964-8-2

青岛鲁迅公园
1964.08 | 430 × 300

青岛海安牌楼（对页）
1964.08.03 | 250 × 350

T.P.YANG
1964-8-3

T.P.YANG
1964-8-8

青岛海边

1964.08.08 | 350 × 250

农机修造厂女工
1960年代中 | 250×350

小女孩

1960年代中 | 250×350

六七、十、三

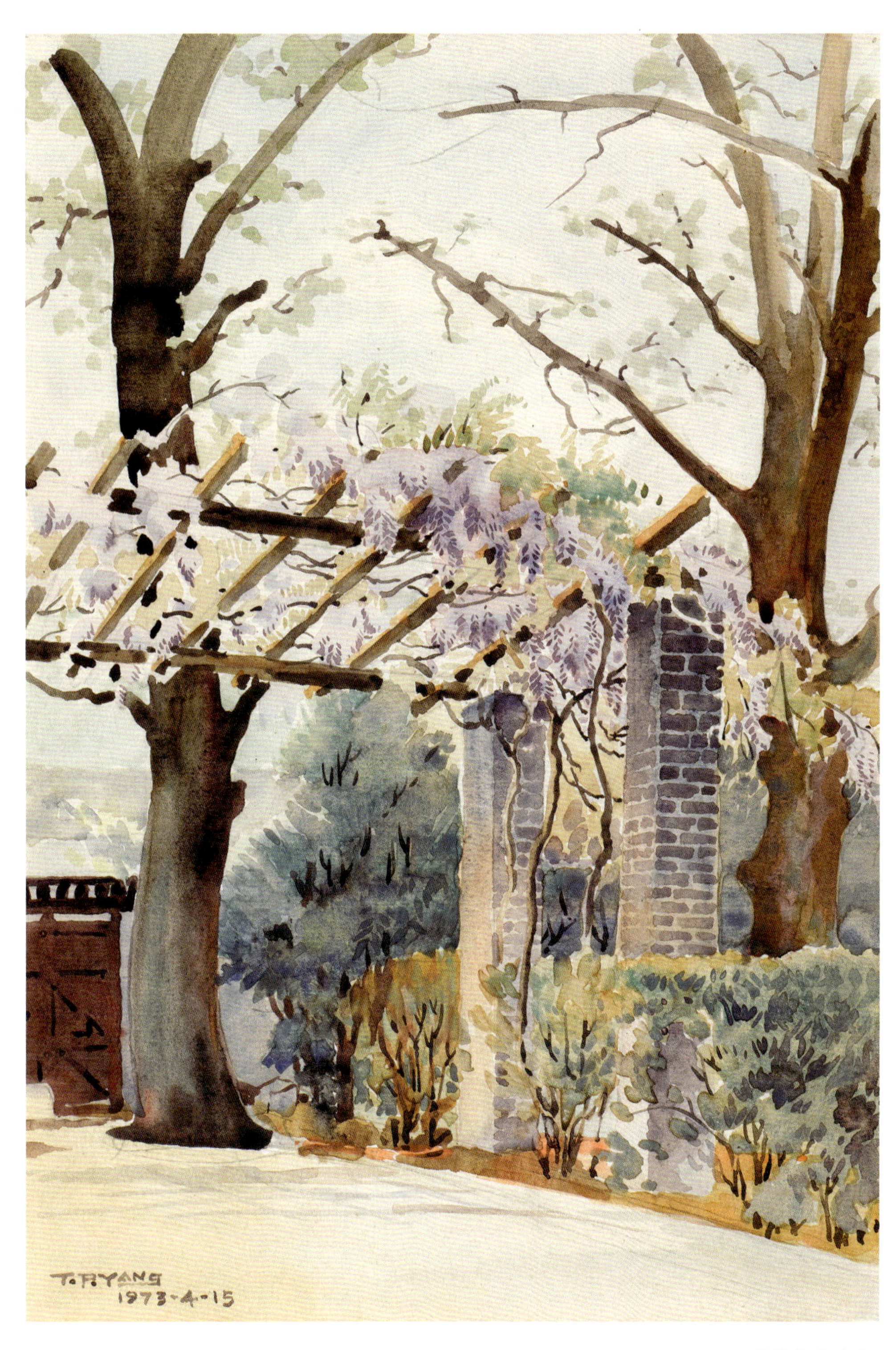

成贤小筑院内

1973.04.15 | 270 × 390

广东农民运动讲习所（对页）

1967.10.03 | 250 × 350

T.P. YANG
1974-3-1

浙江嘉兴南湖革命纪念船

1974.03.01 | 350×250

T.P.YANG
1974-3-10

湖南韶山毛主席故居
1974.03.10 | 350×250

黄山云雾
1975.02 | 350 × 250

长沙湖南烈士公园纪念塔（对页）
1978.06.09 | 250 × 350

T.P.YANG

南京九华山茶室
1978.10.02 | 350 × 250

南京鼓楼公园一角（对页）
1978.10.07 | 250 × 350

T·P. YANG
1978-10-7

临永乐宫壁画
1970年代末 | 300×430

临江阁楼（对页）
1970年代末 | 300×430

厦门街景

1979.09.16 | 350 × 250

山东泰安岱庙汉柏

1980.05.31 | 350×250

T. P. YANG
1980-12-6

福建武夷山武夷宫

1980.12.06 | 350×250

武夷宫宋桂

1980.12.05 | 250 × 350